● 本書のサポート情報を当社 Web サイトに掲載する場合があります．下記の URL にアクセスし，サポートの案内をご覧ください．

http://www.morikita.co.jp/support/

● 本書の内容に関するご質問は，森北出版 出版部「(書名を明記)」係宛に書面にて，もしくは下記の e-mail アドレスまでお願いします．なお，電話でのご質問には応じかねますので，あらかじめご了承ください．

editor@morikita.co.jp

● 本書により得られた情報の使用から生じるいかなる損害についても，当社および本書の著者は責任を負わないものとします．

■ 本書に記載している製品名，商標および登録商標は，各権利者に帰属します．

■ 本書を無断で複写複製（電子化を含む）することは，著作権法上での例外を除き，禁じられています．複写される場合は，そのつど事前に（社）出版者著作権管理機構（電話 03-3513-6969，FAX 03-3513-6979，e-mail：info@jcopy.or.jp）の許諾を得てください．また本書を代行業者等の第三者に依頼してスキャンやデジタル化することは，たとえ個人や家庭内での利用であっても一切認められておりません．

まえがき

　金属の腐食損傷問題に遭遇した場合，腐食の基礎知識がなければ適切な防止対策をとることができない．また，腐食した部分を補修したり，交換したりしても，確かな科学的・技術的根拠に基づく対策でなければ，再び同じ腐食障害に見舞われかねない．一般に，腐食障害は金属と環境に起因しており，要因が多様で，またそれらが複雑に絡みあっているため，腐食の基礎知識に基づいて系統的に解析を進めなければ満足な結論が得られない．

　金属腐食は金属結晶を形作る原子が結晶格子を離れ，水中にイオンとして移行することに始まる．この現象は，金属/溶液界面で電子の授受反応によって起こる電池作用あるいは電気化学反応である．腐食反応によって生成される鉄イオンは水酸化鉄を生成する．これが腐食生成物であり，錆という．

　一方，腐食反応の結果，生成した腐食生成物（錆）が化学的に安定で金属表面を緻密に被覆すればその後の腐食は抑制される．腐食生成物が安定して金属表面を被覆するかどうかは，金属の種類や環境側のpH，塩化物イオン濃度など水質条件に依存する．

　このような金属腐食の基礎知識があって初めて現実の腐食現象を解析し，具体的な腐食防止対策を考えることができる．

　本書では，まず第1章で，金属腐食とは何か．鉄の歴史，腐食による経済的損失など，腐食問題について紹介する．第2章では，腐食現象を理解するのに必要な電気化学，とくに電極電位・電池作用および水質化学に関する基本的な用語を解説する．第3章では鉄（炭素鋼）を例にとって腐食の原因・メカニズムを説明し，ついで各種金属の代表的な腐食形態の分類について述べる．第4章では金属材料に関して耐食材料とは何か，不動態金属であるステンレス鋼や銅・銅合金の耐食性，アルミニウム合金の材料特性の関係を解説し，第5章では，塗覆装，防錆剤，電気防食などさまざまな腐食防止法の基礎的な考え方を述べる．

　最後の第6章では各種金属材料について，大気・海水・淡水環境における代

表的な腐食事例を取り上げ，どのような条件において腐食損傷（局部腐食）が発生し，それに対してどのような防止対策の方法があるかを解説する．事例は産業分野や工業技術部門によって異なるが，材料や環境によって類型化した．材料や環境別に主要な腐食事例を取り上げ，腐食形態の特徴，腐食原因，腐食防止方法について述べる．ここで取り上げた腐食事例は筆者が実際に経験したものばかりでなく，経験し得なかった重要な腐食事例については専門家の助言や各種の資料を引用して解説した．過去に経験した腐食事例を解析することから帰納される知見は，類似の腐食問題だけでなく，これまでみられなかった新たな問題を解決するうえでも大きな助けとなるだろう．なお，事例ごとに読むことを考慮し，意識的に同じような説明を加えた箇所もある

　本書を執筆するにあたり，多くの方々にご協力いただいた．とくに貴重な資料や種々のご教示をいただいた中村勉氏（須賀工業），山手利博氏（元竹中工務店），宮坂松甫氏（荏原製作所），蜂谷實氏（蜂谷防錆研究所），瀬谷昌男氏（元大成設備）に深く謝意を表します．

　本書は「金属腐食　事例と対策」（工業調査会）の改訂版として執筆したが，内容はすべて今回新たに書きあらためたものである．

2016年5月

著　者

目　次

第1章　金属腐食へのアプローチ　　1

1.1　鉄の歴史と錆　*1*
1.2　腐食による経済的損失と環境問題　*2*

第2章　金属腐食に関する基礎知識　　4

2.1　ファラデーの電気分解の法則　*4*
2.2　腐食速度の計算　*4*
2.3　電極と電位　*5*
2.4　電極電位の基準と電気化学列　*6*
2.5　酸化と還元　*8*
2.6　ネルンストの式　*8*
2.7　電池とは　*10*
2.8　ヘンリーの法則とダルトンの法則　*11*
2.9　溶存酸素　*11*
2.10　pH　*11*
2.11　二酸化炭素と溶存炭酸塩　*12*
2.12　塩素と塩化物イオン　*13*

第3章　金属腐食の機構と形態　　15

3.1　金属の腐食機構　*15*
3.2　金属の電極電位の測定　*18*
3.3　不動態皮膜とは　*20*
3.4　腐食形態の分類　*21*
3.5　局部腐食とは　*28*
3.6　分極曲線の測定と意味　*37*
3.7　スケールの生成とランゲリア飽和指数　*38*

第4章　金属材料の特性と耐食性　　41

4.1　炭素鋼　*41*
4.2　亜鉛めっき鋼管　*42*
4.3　鋳鉄　*43*
4.4　ステンレス鋼　*44*
4.5　銅と銅合金　*46*
4.6　アルミニウムとその合金　*48*
4.7　チタン合金　*50*

第5章　防食技術の考え方　　51

5.1　腐食防止の基本的概念　*51*
5.2　塗料と塗装　*52*
5.3　カソード防食（電気防食）　*54*
5.4　インヒビター（防錆剤）の機能と作用　*58*
5.5　溶存酸素の除去による防食　*60*
5.6　防食設計　*61*

第6章 事例　　63

◆炭素鋼・鋳鉄
　事例 1　淡水中における炭素鋼管の腐食　　64
　事例 2　淡水中における亜鉛めっき鋼管の腐食　　66
　事例 3　赤水障害と炭素鋼管の腐食　　69
　事例 4　消火配管における水素ガスの発生と発火　　71
　事例 5　溶融亜鉛めっき鋼管の極性逆転による腐食　　73
　事例 6　内面樹脂被覆鋼管の腐食　　75
　事例 7　蒸気還水管の腐食（炭酸腐食）　　77
　事例 8　スプリンクラー配管における亜鉛めっき鋼管の局部腐食　　80
　事例 9　橋梁の腐食　　82
　事例 10　金属材料の大気腐食　　84
　事例 11　錆が安定化しなかった耐候性鋼　　87
　事例 12　コンクリートの中性化による鉄筋の腐食　　89
　事例 13　埋設パイプラインの腐食　　92
　事例 14　埋設配管とコンクリート鉄筋とのマクロセル腐食　　95
　事例 15　集合住宅における給排水設備の腐食　　98
　事例 16　高力ボルトの遅れ破壊と水素脆性　　99
　事例 17　塗装鋼の塗膜下腐食と経年劣化　　102
　事例 18　カソード防食と適用条件　　104
　事例 19　インヒビターによる腐食防止　　107
　事例 20　高温水中のアルカリ腐食　　109
　事例 21　硫酸露点腐食と塩酸露点腐食　　111
　事例 22　塩害による腐食　　113
　事例 23　開放系冷却水配管の腐食と水処理　　117
　事例 24　小型低圧ボイラの腐食　　121
　事例 25　淡水や土壌環境における異種金属接触腐食　　123
　事例 26　海水ポンプの異種金属接触腐食　　126
　事例 27　港湾や海洋環境の鋼構造物の腐食　　128
　事例 28　船舶の海水腐食　　131
　事例 29　船舶バラストタンク内の腐食　　133
　事例 30　流れ加速腐食　　135
　事例 31　排水用鋳鉄管とMD継手の微生物腐食　　137

◆ステンレス鋼
　事例 32　ステンレス鋼の溶接と局部腐食　　140
　事例 33　ステンレス鋼の局部腐食（孔食，すき間腐食，応力腐食割れ）　　142
　事例 34　ステンレス鋼の加工フロー腐食　　146
　事例 35　配管の保温材（断熱材）下腐食と応力腐食割れ　　148

- 事例 36　ステンレス鋼製水槽の腐食と材料選定　*151*
- 事例 37　ステンレス鋼タンクの微生物腐食　*154*
- 事例 38　ステンレス鋼管の土壌腐食　*157*
- 事例 39　スイミングプール付帯設備の腐食　*159*
- 事例 40　原子力発電プラントにおける腐食　*162*
- 事例 41　過酷な環境における金属材料と腐食　*166*

◆非鉄・樹脂

- 事例 42　給水・給湯銅管の孔食　*170*
- 事例 43　空調用ファンコイルユニット銅管の孔食　*174*
- 事例 44　銅管の蟻の巣状腐食　*176*
- 事例 45　銅管の腐食による青水障害　*179*
- 事例 46　純水中における銅や鉛・亜鉛の腐食　*181*
- 事例 47　銅や銅合金のエロージョン・コロージョン（潰食）　*184*
- 事例 48　給湯銅管の腐食疲労割れ　*186*
- 事例 49　銅や銅合金の変色　*188*
- 事例 50　黄銅の脱亜鉛腐食　*190*
- 事例 51　黄銅の時期割れ（応力腐食割れ）　*192*
- 事例 52　青銅のブロンズ病と保存科学　*195*
- 事例 53　鉛の溶出問題　*197*
- 事例 54　アルミニウム合金の局部腐食　*200*
- 事例 55　樹脂管の劣化　*203*

◆水質・環境

- 事例 56　水質汚濁や水質劣化による配管の腐食　*206*
- 事例 57　高温高濃度 CO_2 環境（スイート環境）における腐食　*209*
- 事例 58　腐食に影響を及ぼす硫化物とアンモニア　*212*
- 事例 59　シリカスケールの生成と腐食　*215*
- 事例 60　残留塩素による腐食促進作用　*217*

◆電　食

- 事例 61　迷走電流による腐食（電食）　*220*
- 事例 62　ジャンピング電流による腐食　*222*
- 事例 63　スパッタリング・成膜装置の水冷却系における電食　*224*
- 事例 64　イオンマイグレーションとクリープ現象　*225*

さくいん　*229*

略号一覧

AHU(air handling unit) エアハンドリングユニット
AOD(argon oxygen degassing) アルゴン・酸素脱ガス法
APC(active path corrosion) 活性経路腐食
APP(ammonium polyphosphate) ポリリン酸アンモニウム
APS(advanced photon source) 電子加速器
AVT(all volatile treatment) 揮発性物質処理
BTA(Benzotriazole) ベンゾトリアゾール
BWR(boiling water reactor) 沸騰水型原子炉
CRUD(chalk river unknown deposit) クラッド
CUI(corrosion under insulation) 保温材下腐食
DHC(district heating and cooling) 地域冷暖房
DO(dissolved oxygen) 溶存酸素
ESCC(external stress corrosion cracking) 外面応力腐食割れ
FAC(flow accelerated corrosion) 流れ加速腐食
FCU ファンコイルユニット
HAZ(heat-affected zone) 熱影響部
HE(hydrogen embrittlement) 水素脆化
HIC(hydrogen induced cracking) 水素誘起割れ
HSW(heat sink weldment) 内面水冷溶接法
IASCC(irradiated assisted stress corrosion cracking) 照射誘起応力腐食割れ
IGA/SCC(inter granular attack/stress corrosion cracking) 粒界腐食型応力腐食割れ
IGSCC(inter granular stress corrosion cracking) 粒界応力腐食割れ
LSI(Langelia saturation index) ランゲリア飽和指数
MIC(microbiologically influenced corrosion) 微生物腐食
MMO(metal metal oxide electrode) 金属酸化物電極
P/S(pipe to soil potential) 管対地電位
PCB(polychlorinated biphenyl) ポリ塩素化ビフェニル
PRE(pitting resistance equivalent) 耐孔食指数
PWR(pressurized water reactor) 加圧型原子炉
SCC(stress corrosion cracking) 応力腐食割れ
SCWO(supercritical water oxidation) 超臨界水酸化
SG(steam generator) 蒸気発生器
SHE(standard hydrogen electrode) 標準水素電極
SHT(solution heat treatment) 溶体化熱処理法
SRB(sulfphate reducing bacteria) 硫酸塩還元菌
SSC(sulfide stress cracking) 硫化物応力割れ
TBP(tributyl phosphate) リン酸トリブチル
TBT(tributyltin) トリブチルスズ
TGSCC(trans granular stress corrosion cracking) 粒内応力腐食割れ
TIG溶接(tungsten inert gas arc welding) タングステン不活性ガスアーク溶接
VCI(volatile corrosion inhibitor) 気化性防錆剤
VOC(volatile organic compound) 揮発性有機化合物
VOD(vacuum oxygen degassing) 真空・酸素脱ガス法

第1章 金属腐食へのアプローチ

1.1 鉄の歴史と錆

　1976年，中国・河南省安陽市の殷墟遺跡から甲骨文字とともにおびただしい青銅器が出土した．殷は商王朝の時代で，紀元前1000年以上も前である．いまから3000年も前のものだが，青銅器には鮮やかな文様が残っていた．これは青銅の優れた耐食性の賜である．世界各地に出土する古代文明の青銅は銅とスズからなる合金であるが，組成は地域や用途によって異なる．殷墟から出土した有名な司母戊鼎の組成は，84.77 Cu-11.64 Sn-2.79 Pb（wt %）であった．

　一方，銅に比べて錆びやすい金属が鉄である．鉄鉱石は鉄と酸素が強く結びついているため，金属鉄を造り出すには高温と木炭のような還元剤が必要である．世界でもっとも古い鉄は，トルコ・アナトリア地方に出現したヒッタイト鉄である．紀元前1400～1800年頃に鉄製の武器を手にしたヒッタイト帝国は強力な勢力を誇ったとされるが，今日，当時の鉄を見ることはできない．隕鉄（ニッケルを含む）はさらに古くから存在し，王や権力者がこれを短剣として所持していたことが知られている．ヒッタイトは鉄の製法を秘密としたが，時代とともに東西に伝わっていった．古代中国では，紀元前100年頃の史記に記述がみられるほど，鉄は普及していた．起元1世紀頃には日本の九州にも鉄は伝わっている．1968年に古墳時代五世紀の稲荷山古墳から金錯銘鉄剣が出土した．鉄剣は厚い錆に覆われていたが，X線透過写真によって鮮やかな115の文字が現れたことで有名になった．ただし，5世紀頃の日本では鉄を造る製錬技術が発達していなかったことがわかっている．日本独自の鉄が造られるようになったのは6世紀後半の出雲地方の「たたら吹き」からであると考えられている．

　鉄が腐食してできる生成物が錆として認識されたのはいつごろだろうか．B.C.383年頃に入滅したゴータマ・シッタルタ（釈迦）が残したとされる法句

経240番には「錆は鉄より生じて，その鉄をいためるが，それと同じく，人のなした悪がその人をますます悪くする」(友松園諦 訳)とあり，インドでは紀元前300年にすでに鉄の存在とともに錆が認識されていたことを物語っている．この言葉が「身から出た錆」の元になったとされる．

鉄は大気下で放置すれば，錆となって土に還ってしまう．そのため，鉄を錆から守る塗装やめっきをはじめとする防食技術が発展した．

1.2 腐食による経済的損失と環境問題

多大なエネルギーを費してできた鉄も，大気下で使用していると錆を生成して劣化する．錆による経済的損失はどれほどだろうか．1970年のイギリスの腐食損失調査委員会による調査では，1965年の腐食損失額が13.65億ポンドと算出され，腐食による経済的損失が膨大であることをあらためて認識させる契機となった．ケンブリッジ大学の著名な腐食科学者であったホアー(T. P. Hoar)がこの調査委員会の委員長を務めたことから，この報告はホアーレポートとよばれている．その後，アメリカ，日本をはじめ各国で同様の調査が実施され，腐食損失額は国民総生産額(GDP)の3〜4％にも達することが明らかになった．1975年に行われた日本の調査では，腐食コスト2.6兆円，GNPに対する比が1.72％であった．その後1997年に行われた調査結果では，腐食コストは3.9兆円となった．このときの名目GNPは514兆円であるから，腐食コストの名目GNPに対する比は0.77％と推定され，1970年当時に比べて低下している．重厚長大型製造業を中心とした1975年当時に比べて，第三次産業への産業構造の変化がこのような比率の減少をもたらしたものと推定される．ただし，比率は減少したものの，腐食コストが膨大なことに変わりはない．このような膨大な腐食損失を回避する手だてはないのだろうか．ホアーレポートでは，既存の腐食知識の普及・啓蒙によって腐食損失額の少なくとも3分の1程度は節減できるとしている．

腐食問題は経済的損失のみならず，機器や装置の安全性の確保のうえでも重要である．腐食により，ピンホールを生じたために，機器全体の使用が不能になることはしばしば起こる．マンションやオフィスビルにおいて，配管の腐食が原因の漏水による浸水事故のような二次的災害を生じることもよくある．かつて原子力発電プラントにおいて，ステンレス鋼製冷却水配管に応力腐食割れ

が生じて稼働率を著しく低下させたことがあった．これは，安全性の観点から厳重な放射能閉じこめが求められる問題であったため，腐食対策の技術開発や研究に大きな投資があてられた．それにより，耐食性に優れたステンレス鋼管の開発，溶接技術の改良が進み，また水質管理の高度化などの成果が得られた．しかし，腐食性物質を扱う石油化学プラント，船舶や海洋施設，パイプラインでは，腐食対策費は製品コストに直接にひびくので経済性が重視される．

金属の腐食防食分野においても，対策技術はその時々の社会的，経済的条件によって左右される．高度経済成長期にはスクラップアンドビルドが盛んに行われ，物理的寿命よりも，古くなって使い勝手が悪くなったという社会的寿命によって建物や設備の更新が活発に行われた．しかし，現在では，大型の投資が行われなくなり，簡単に新規建設ができないため，経済成長期に建設された道路，橋梁をはじめとしたインフラは，いまや老朽化し，安全を脅かす事態となっている．

また，環境問題はかつて経験しなかった新たな局面を迎えており，揺りかごから墓場まで環境負荷を高めないように材料を選定することが必要となってきている．腐食防食分野においても例外ではなく，配管材料や腐食防止剤の見直しも必要になっている．鉛は配管・継手材料からできる限り除かれ，クロメートは優れたインヒビター（防錆剤）として使われていたが，いまや毒性の問題があって使われなくなった．船舶の航走性を高めるとともに燃費を節減するため，海棲生物が付着しないように船底塗料として使用されていた有機スズ化合物（TBT）も使用禁止となった．そのような背景から，塗膜の耐久性を高め，塗り替えの回数を低減する重防食塗装が適用されるなど，塗装による粉塵の発生を抑制し，地球温暖化の原因となるVOC（揮発性有機化合物）の使用を軽減する対策がとられるようになってきている．このような取り組みは海洋環境のみならず，陸上施設に対しても普及するものと期待される．

金属材料の腐食防食技術分野においても，近年，変革が求められている．次章以降では金属腐食とは何かを理解し，金属腐食を防止するために必要な基本的知識と具体的な腐食問題の解決方法と防止対策について考える．

第2章 金属腐食に関する基礎知識

　金属の腐食現象は金属と溶液界面で起こる化学反応である．腐食反応を体系化した腐食科学は，境界領域の科学であり，その基本的な理解には，電気化学，水質化学，金属工学，溶接工学などの初歩的な知識が必要である．本章では，腐食現象を理解するために助けとなる関係分野の基礎について解説する．

2.1 ファラデーの電気分解の法則

　電解質中で電気分解を行うと，各電極で析出や発生する物質の生成量と通過電流の関係から，電流によって生成される物質の量（モル）は供給される電子の量（モル）に化学的に等価である．この関係は次式で表される．これをファラデーの電気分解の法則という．

$$Q(C) = nF\frac{W}{M} \tag{2.1}$$

ここで，$Q(C)$ は通過電気量（クーロン），n は通過電子のモル数，W は生成物質の質量 [g]，M は物質の分子量，F はファラデー定数（$1F = 96485\,\text{C/mol}$）である．

　金属の腐食は電池作用であり（3.1節参照），腐食電池に流れる腐食電流 $I\,[\text{A/cm}^2]$ は，ファラデーの電気分解の法則によって腐食減量と関連づけることができる．

2.2 腐食速度の計算

　金属の腐食速度は，単位時間，単位面積あたりの腐食減量から計算できる．腐食は全面で均一に進展することは少ないが，便宜的にそのように仮定して計算する．腐食速度を計算する式は次式のように表される．

$$\text{腐食速度 [mdd]} = \frac{W/S/100}{t} \quad (2.2)$$

ここで，W は腐食減量 [mg]，S は試験片の面積 [cm^2]，t は試験期間 [day] である．なお，腐食科学の分野では，腐食速度の単位として mdd（$=$ mg/dm^2/day）が慣用されている．

腐食速度を肉厚減少速度として表す場合は，侵食度 [mm/y] として次式のように表す．

$$\text{侵食度 [mm/y]} = \frac{\text{腐食速度 [mdd]}(365 \cdot 10^{-4})}{d} \quad (2.3)$$

ここで，d は金属の密度 [g/cm^3] で，鉄 Fe では 7.87 g/cm^3 である．

腐食速度は腐食電流密度 I_{corr} [μA/cm^2] としても表される．腐食電流密度はつぎのように求めることができる．

$$I_{\text{corr}} [\mu A/cm^2] = \frac{1120 \times n \times w \text{ [mg]}}{S \text{ [cm}^2\text{]} \times T \text{ [day]} \times M} \quad (2.4)$$

ここで，n は電子数，w は質量 [mg] を表す．

海水中の炭素鋼の腐食速度はほぼ 25 mdd とされ，侵食度で表すと 0.116 mm/y であり，腐食電流は 10 μA/cm^2 に相当する．表 2.1 に主な金属の腐食速度の換算表を示す．

表 2.1　腐食速度の計算

金属	原子量	密度 g/cm^3	腐食電流 μA/cm^2	腐食速度 mdd	侵食度 mm/y
Fe	55.85	7.87	10	25.0	0.116
Cu	63.55	8.92	10	28.5	0.117
Zn	65.39	7.14	10	29.3	0.150
Al	26.98	2.70	10	20.0	0.114

2.3　電極と電位

電極とは金属と溶液が接している界面のことであり，めっきや電気分解などの電解操作における電極は，水中に電気を導き，取り出すための電気導電体のことである．腐食反応を含めた広い意味での電極とは，電荷（イオンや電子）

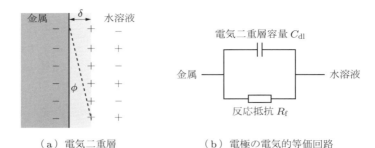

(a) 電気二重層　　　　　　　(b) 電極の電気的等価回路

図2.1　電極（金属/溶液界面）の電気二重層と電気的等価回路

の授受を生じる金属/溶液の界面のことである．鉄電極の場合，1個の鉄原子が水中に鉄イオンとして移行すると，金属に電子2個が残る．

図2.1に金属/溶液界面の状況を示す．金属と水溶液の界面には，溶出した鉄イオン（＋電荷）と金属中の電子（－）のように，異符号の電荷が対向した蓄電器（コンデンサ）が形成される．δは電気二重層（electrical double layer）の厚さである．実際には界面の反応により電流が流れることから，電気二重層は単純な蓄電器ではなく，界面においてさまざまな電荷が拡散的に分布している複雑な構成になっている．電気二重層を電気的等価回路として考えた場合は，コンデンサ容量C_{dl}と反応抵抗R_fの並列回路に近似できる．電極界面が電気二重層モデル（図2.1（b））に近似できることから，電気二重層には静電容量Cと電位ϕが定義づけられ，電気量qは次式のように表せる．

$$q = C \cdot \phi \tag{2.5}$$

テスターを用いてこの界面の電位ϕを測ろうとすると，溶液中に計測用の金属端子を浸漬することになり，そこに新たに電気二重層が生じる．このように，電位ϕは絶対電位とでもいうべきもので，電気二重層界面に生じる電位差を直接計ることはできない．そこで，片方の電極の電位が既知である，二つの電極で構成される電池の起電力を計測し，電池の起電力から未知の電極の電位を求める．

2.4　電極電位の基準と電気化学列

金属の種類による腐食の傾向は，その金属固有の標準電極電位（標準電位）とその序列（電位の高いほうから低いほうに並べる）に依存する．電気化学で

は,標準水素電極をどの温度においても 0 V と定め,未知の電極の電位は標準水素電極に参照して求めることができる(実用的には標準水素電極に対して既知の電位を有する銀・塩化銀電極や銅・硫酸銅電極を用いる).各種金属の標準電位は,熱力学データを用いて計算で理論的に求めることができる.

反応の自由エネルギー変化 ΔG と電池の起電力 E との間には,熱力学に基づいた次式の関係がある.

$$\Delta G = -nFE \tag{2.6}$$

いま,標準状態の自由エネルギー変化 ΔG^0 が求められれば,上式から標準電位 E^0 が求められる.

$$E^0 = -\frac{\Delta G^0}{nF}$$

たとえば,鉄の標準電位 E^0_{Fe} は標準状態におけるつぎの反応と標準水素電極との間の起電力を意味する.

$$\mathrm{Fe}^{2+} + 2\mathrm{e}^- = \mathrm{Fe}$$
$$2\mathrm{H}^+ + 2\mathrm{e}^- = \mathrm{H}_2$$
$$E^0_{\mathrm{Fe}} = -\frac{\Delta G^0_{\mathrm{Fe}}}{2F} = -0.440\,\mathrm{V}$$

このようにして求めた金属の標準電位を高いほうから低いほうに並べた序列を

表2.2 代表的な金属の標準電位

電極反応	標準電位 [V]	電極反応	標準電位 [V]
$\mathrm{Au}^{3+} + 3\mathrm{e}^- = \mathrm{Au}$	+1.50	$\mathrm{Co}^{2+} + 2\mathrm{e}^- = \mathrm{Co}$	−0.287
$\mathrm{Cl}_2 + 2\mathrm{e}^- = 2\mathrm{Cl}^-$	+1.3583	$\mathrm{Fe}^{2+} + 2\mathrm{e}^- = \mathrm{Fe}$	−0.440
$\mathrm{O}_2 + 4\mathrm{H}^+ + 4\mathrm{e}^- = 2\mathrm{H}_2\mathrm{O}$	+1.229	$\mathrm{Cr}^{2+} + 2\mathrm{e}^- = \mathrm{Cr}$	−0.79
$\mathrm{Pt}^{2+} + 2\mathrm{e}^- = \mathrm{Pt}$	+1.320	$\mathrm{Zn}^{2+} + 2\mathrm{e}^- = \mathrm{Zn}$	−0.7627
$\mathrm{Ag}^+ + \mathrm{e}^- = \mathrm{Ag}$	+0.7991	$\mathrm{Mn}^{2+} + 2\mathrm{e}^- = \mathrm{Mn}$	−1.18
$\mathrm{Cu}^{2+} + 2\mathrm{e}^- = \mathrm{Cu}$	+0.337	$\mathrm{Ti}^{2+} + 2\mathrm{e}^- = \mathrm{Ti}$	−1.63
$\mathrm{H}^+ + \mathrm{e}^- = \mathrm{H}$	0.00	$\mathrm{Al}^{3+} + 3\mathrm{e}^- = \mathrm{Al}$	−1.68
$\mathrm{Pb}^{2+} + 2\mathrm{e}^- = \mathrm{Pb}$	−0.1263	$\mathrm{Mg}^{2+} + 2\mathrm{e}^- = \mathrm{Mg}$	−2.37
$\mathrm{Sn}^{2+} + 2\mathrm{e}^- = \mathrm{Sn}$	−0.141	$\mathrm{Na}^+ + \mathrm{e}^- = \mathrm{Na}$	−2.71
$\mathrm{Mo}^{3+} + 3\mathrm{e}^- = \mathrm{Mo}$	−0.200	$\mathrm{Li}^+ + \mathrm{e}^- = \mathrm{Li}$	−3.040
$\mathrm{Ni}^{2+} + 2\mathrm{e}^- = \mathrm{Ni}$	−0.236		

※「電気化学協会編:電気化学便覧 第4版,丸善,1985.」による.

電気化学列という．金属とそのイオンからなる場合には，金属のイオン化のしやすさを表すイオン化列と同じ順番になる．表 2.2 に代表的な金属の標準電位を示す．表には金属のほか腐食反応で重要な水素電極，酸素電極，塩素電極の標準電位も含めた．

腐食科学では，電極電位の相対的な関係として，電位の高いほうを貴（noble），低いほうを卑（less noble）または活性（active）という．

2.5 酸化と還元

腐食反応は酸化反応であり，金属のめっきは還元反応である．酸化と還元は，腐食反応を考えるうえで重要な概念である．直感的に，金属が酸素と結びつく場合が酸化，逆に酸素が奪われる場合は還元であることは理解できる．鉄鉱石が還元されると鉄になり，腐食は鉄が酸化することである．酸素が関与しない場合にも酸化と還元反応が考えられ，電子の授受反応に基づいて，反応の前後で原子価（酸化数）が増大する場合を酸化反応，減少する場合を還元反応として判定することができる．たとえば水中の鉄の場合，鉄はイオン化する（$Fe \longrightarrow Fe^{2+} + 2e^-$）ので，原子価が増大する酸化反応，水素電極は水素イオンから水素原子になる（$H^+ + e^- \longrightarrow H$）ので，原子価が減少する還元反応である．

水中の鉄の反応は，つぎの化学式で表すことができる．

$$Fe^{2+} + 2e^- \rightleftharpoons Fe$$

この反応はつぎの二式の反応速度がつりあった動的平衡の状態である．

$$Fe \longrightarrow Fe^{2+} + 2e^- \tag{2.7}$$

$$Fe^{2+} + 2e^- \longrightarrow Fe \tag{2.8}$$

式 (2.7) では鉄の原子価が 0 価から +2 価に増大している酸化反応が，式 (2.8) では鉄の原子価が +2 価から 0 価に減少している還元反応が起こっている．酸化速度と還元速度がつりあっている状態の電位を平衡電位という．

2.6 ネルンストの式

酸化・還元反応に関係する物質の任意の濃度（活量 a）に一般化した平衡電位は，つぎのネルンスト（Nernst）の式で表される．

$$E = E^0 + \frac{RT}{nF} \log \frac{a_{\text{oxid}}}{a_{\text{redu}}} \tag{2.9}$$

ここで，R は気体定数，a_{oxid} は酸化剤の活量（濃度），a_{redu} は還元剤の活量（濃度）である．

たとえば，亜鉛の酸化還元反応のネルンストの式はつぎのようになる．

$$\text{Zn}^{2+} + 2\text{e}^- = \text{Zn} \tag{2.10}$$

$$E_{\text{Zn}} = E^0_{\text{Zn}} + 0.0295 \log a_{\text{Zn}^{2+}} \quad (25\,°C) \tag{2.11}$$

ここで，E^0_{Zn} は亜鉛の標準電位，$a_{\text{Zn}^{2+}}$ は亜鉛イオンの活量である．

同様に，銅はつぎのように表される．

$$\text{Cu}^{2+} + 2\text{e}^- = \text{Cu} \tag{2.12}$$

$$E_{\text{Cu}} = E^0_{\text{Cu}} + 0.0295 \log a_{\text{Cu}^{2+}} \quad (25\,°C) \tag{2.13}$$

ここで，E^0_{Cu} は銅の標準電位，$a_{\text{Cu}^{2+}}$ は銅イオンの活量である．

Zn 極と Cu 極を用いて電池を構成することができる．図 2.2 にダニエル電池のしくみを示す．電池の理論起電力は 1.10 V である．図は，銅と亜鉛の異種金属接触腐食（3.4 節参照）の原理も表している．隔膜を設けた容器の一方に硫酸亜鉛 ZnSO_4 溶液を入れ，亜鉛棒を電極とする．もう一方には硫酸銅 CuSO_4 溶液を入れ，銅棒を電極とする．隔膜を介して亜鉛と銅の両極は液絡されている．この電池反応の，電位と電流の関係を表すと，図 2.3 のようになる．E_{Zn} は亜鉛の平衡電位であり，E_{Cu} は銅の平衡電位である．平衡電位においては，亜鉛極で亜鉛イオンの溶出と析出が，また銅極では，銅イオンの溶出と析出の速度がつりあった状態にある．両極間に摺動抵抗を介して短絡し，抵抗を減らすと電流が流れるのに伴い，電位は平衡電位からずれ（分極），銅極の電位は卑方向に，亜鉛極の電位は貴方向に変化する．この電池の複合化した電位は腐

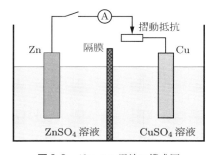

図 2.2 ダニエル電池の構成図

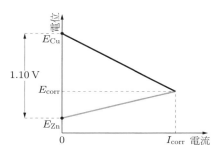

図 2.3 電池反応における分極図

食電位（自然電位ともいう）であり，通常 E_{corr} で表す．そのときに流れる電流は I_{corr} であり，亜鉛の腐食速度，銅の析出（めっき）速度に相当する．

2.7 電池とは

　金属の腐食機構は電池作用で理解できる．電池とは，化学反応のエネルギーを電流として取り出すことができる装置である．最初の電池はイタリアの科学者ボルタによって発明された，銅と亜鉛を電解質で挟んで積層したボルタ電池である．持続的に電流を取り出せるようにした最初の電池は，前節で説明したダニエル電池である．

　広く使われているマンガン乾電池の構造を，図 2.4 に模式的に示す．二酸化マンガン MnO_2 が塩化アンモニウム NH_4Cl の粉末，カーボンブラック，でん粉と混ぜ合わされて亜鉛缶に入っている．上方には電流を取り出すための炭素棒がある．両極間に負荷をかけると（電球を灯す），負極（亜鉛極）では亜鉛イオンとなって溶解する反応，すなわち亜鉛が腐食する反応が起こる．一方，正極（炭素極）では二酸化マンガンが酸化マンガンに還元される．亜鉛極がアノード，炭素棒はカソードとなって酸化還元反応を利用したのがマンガン乾電池である．電池では，アノード（または陽極）となる亜鉛極が負極（－），カソード（または陰極）となる炭素棒を正極（＋）とよび，陽と負，陰と正の関係となり，符号に混乱を生じやすいので注意が必要である．

　鉄の腐食は，このような局部電池（local cell）またはミクロセルが無数に存在していると考える（3.1 節参照）．

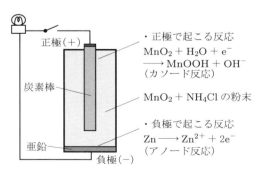

図 2.4　マンガン乾電池の構成

2.8 ヘンリーの法則とダルトンの法則

腐食の要因である酸素は,水に溶解し,溶存酸素としてカソード反応に作用する.溶液中に溶解する気体の溶解度は,次式のように,その溶液に接する気体の分圧に比例する.これをヘンリーの法則という.

$$\text{溶解度} = k_H \times \text{分圧} \tag{2.14}$$

ここで,k_H はヘンリー定数といい,気体の種類によって一定の値を示す.20 ℃の水に対する酸素のヘンリー定数は $k_H = 1.3 \times 10^{-3}$ mol/(L·atm) である.たとえば,海水面の酸素分圧は 0.21 気圧であるから,20 ℃の水に対する酸素の溶解度は $0.21 \times 1.3 \times 10^{-3} = 2.7 \times 10^{-4}$ mol/L = 8.6 mg/L となる.これに水蒸気圧を補正すると,溶存酸素濃度 8.84 mg/L に相当する.

混合気体の全圧は,混合気体を構成している各気体の分圧の和である.これをダルトンの法則という.

2.9 溶存酸素

水に溶けた酸素のことを溶存酸素といい,しばしば DO (dissolved oxygen) と表記する.溶存酸素は金属を酸化(腐食)させる酸化剤の一種であるので,金属の腐食に対してもっとも重要な因子の一つである.酸素は水温が低いほど水に多量に溶解し,1 気圧では 20 ℃で $DO = 8.84$ mg/L,100 ℃では水蒸気圧と相殺されて $DO = 0$ mg/L となる.密閉系では酸素の分圧が高くなるほど,ヘンリーの法則により水中への酸素の溶解度は増大する.

2.10 pH

pH は,水素イオン濃度を表す尺度であり,腐食生成物の溶解度を左右する重要な因子である.水 H_2O は,わずかに水素イオン(H^+ やヒドロニウムイオン H_3O^+)と水酸化物イオン OH^- に解離している.化学の分野では,一般に,濃度をモル濃度(mol/L)で表すが,水素イオン濃度 $[H^+]$ の場合は特別につぎのように pH で表す.

$$\text{pH} = -\log [H^+] \tag{2.15}$$

このようにすると,水素イオン濃度を 10^{-3} あるいは 10^{-12} mol/L などの広い

濃度範囲をpH 3, pH 12など簡単な数値で表すことができ, 便利である. 水素イオン濃度が高いほどpH値は小さい. すなわち, 酸性の場合はpHが小さく, アルカリ性ほどpHの値は大きくなる. 20℃における水の解離定数は $K_w = [H^+][OH^-] = 10^{-14}$ であるから, $[H^+] = 10^{-7}$, すなわちpH 7のとき, 水素イオン濃度と水酸イオン濃度が等しく中性となる. 清涼飲料水の中でもレモンジュースはpH 2.6, オレンジジュースはpH 3.8, またビールはpH 4〜5, ワインはpH 3〜3.5で, いずれも酸性を示す. 天然の淡水はおよそpH 5〜9の範囲である.

一般に, 金属の腐食は低pHの酸性域で著しくなる. アルミニウムや亜鉛などの両性金属は, アルカリ性域でも腐食する.

2.11 二酸化炭素と溶存炭酸塩

二酸化炭素 CO_2 は水に溶解して炭酸となり, pHを変化させることによって金属の腐食を左右する因子である. 大気中の二酸化炭素の体積割合は0.034%(容量)であり, 分圧は $p_{CO_2} = 3.4 \times 10^{-4}$ atmである. 大気圧下でヘンリーの法則に基づいて平衡して水中に溶解する二酸化炭素の溶解度は約0.4 mg/Lである. 溶解した二酸化炭素の一部は水中で炭酸 H_2CO_3 として存在するが, 大部分は水和二酸化炭素 $CO_2(aq)$ として溶けている. これも化学的に炭酸として扱い, 遊離炭酸という. したがって, 全溶存炭酸 $[H_2CO_3^*]$ はつぎのように表される.

$$[H_2CO_3^*] = [CO_2(aq)] + [H_2CO_3]$$

pHが低い領域では炭酸と炭酸水素イオン HCO_3^- が支配的で, pHが高くなると炭酸イオン CO_3^{2-} の割合が高くなる. pHと全溶存炭酸塩に対する各炭酸塩種の存在割合は, 炭酸塩平衡の関係から図2.5のようになる. $pK_1 = 6.35$ は CO_2 と HCO_3^- 濃度比が1:1であるときのpHに相当し, $pK_2 = 10.33$ は HCO_3^- 濃度と CO_3^{2-} 濃度比が1:1であるときのpHである.

炭酸は解離して水素イオンを放出するので, 炭酸を含む水のpHは低くなる.

$$H_2CO_3 \longrightarrow H^+ + HCO_3^-$$

炭酸は弱酸であるから, 水素イオンが消費されると, 炭酸が解離することによって水素イオンが補給されるので, 低いpHが維持される. このように, 天然の水は大気中の二酸化炭素の影響で微酸性になっている. 地下水は, 微生物の

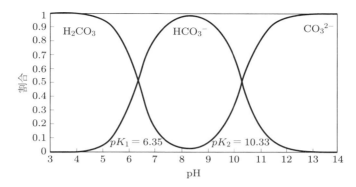

図 2.5 炭酸種の pH による存在割合（25℃）

活動により二酸化炭素の分圧が高い．したがって，pH がやや低い場合が多い．二酸化炭素が原因で起こる腐食を**炭酸腐食**ともいう．

このように溶存炭酸は，溶存酸素のような酸化剤ではないが，水の pH を変化させ，金属表面に形成する保護皮膜の安定性に関係するので，耐食性を左右する重要な因子である．

2.12 塩素と塩化物イオン

水道水には殺菌剤として塩素 Cl_2 が含まれている．浄水場では水に殺菌剤として塩素ガス Cl_2 または次亜塩素酸ナトリウム NaHClO を注入する．水中ではこれらが次亜塩素酸 HClO となり，これを遊離塩素という．水道水は水栓で 0.1 mg/L の遊離塩素が検出されれば，汚染のない飲用可能な水である．また，塩素はアンモニアと結びついてクロラミン NH_2Cl という化合物を生成する．クロラミンも酸化力があり，結合塩素という．遊離塩素と結合塩素を併せて残留塩素という．残留塩素は強い酸化力をもっているので金属を腐食させるが，通常，水道水には高々 1 ppm 程度しか含まれていないため，酸素に比べて錆への寄与は数％程度にすぎない．

一方，海水に含まれる塩化物イオン Cl^-（塩素イオンともいう）は酸化力がないので，直接，金属を侵食することはない．ただし，酸素と共存すると酸化膜や不動態皮膜を破壊するので，結果として腐食を促進する．日本の水道水には塩素イオンが 20 mg/L 程度含まれているが，飲料水の水質基準では 200 mg/

L 以下となっていることからわかるように，ごく少量である．たとえば，東京都水に含まれる塩化物イオン濃度は年平均 23.4 mg/L（朝霞浄水場），大阪市では 13.4 mg/L（柴島浄水場）程度である．

第3章 金属腐食の機構と形態

　水中で金属はどのように腐食するか，鉄を例にそのメカニズムを考える．また，金属の腐食は，金属の種類や環境条件によっていくつかの形態に分類される．各種の腐食形態を分類し，その特徴について述べる．

3.1 金属の腐食機構

　炭素鋼（鉄）を例に水中における金属の腐食機構について考える．
　鉄が水中で錆びる反応，すなわち腐食反応は，つぎの化学式で表すことができる．

$$Fe + H_2O + \frac{1}{2}O_2 \longrightarrow Fe(OH)_2 \tag{3.1}$$

鉄は水と酸素と反応して水酸化鉄（Ⅱ）$Fe(OH)_2$の錆を生成する．上式は，つぎのように，鉄がイオン化する部分反応と，水中の酸素が還元されて水酸化物イオンを生成する部分反応とに分けることができる．

$$Fe \longrightarrow Fe^{2+} + 2e^- \tag{3.2}$$

$$\frac{1}{2}O_2 + H_2O + 2e^- \longrightarrow 2OH^- \tag{3.3}$$

つまり，式（3.1）は式（3.2）の酸化反応と式（3.3）の還元反応が同時に起こっていることを表している．図3.1はこれらの過程の模式図である．金属結晶格子を形作る鉄原子が，イオンとなって水中に移行することを表現した式（3.2）の反応は，腐食の基本過程である．この反応は単独に起こることはなく，水中に溶解している酸素が鉄表面で水分子とも反応して電子を受け取り，自身は水酸化物イオンになる式（3.3）の反応が必要である．式（3.3）の反応は式（3.2）の反応と同時に，対になって過不足なく進行する．これが腐食の電池作用であり，**電気化学反応**という．腐食反応式（3.1）によって生成した水酸化鉄（Ⅱ）は，水中の酸素で酸化されて水酸化鉄（Ⅲ）$Fe(OH)_3$となる．$Fe_2O_3 \cdot H_2O$

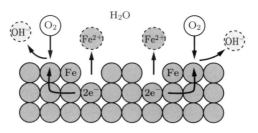

図3.1 腐食反応の原子モデル

とも表される．これが赤錆の主体である．式（3.2）はアノード反応，式（3.3）はカソード反応である．

大気腐食も，土壌中の腐食も，水分が介在して起こる金属の腐食は，基本的には式（3.2）のアノード反応と，式（3.3）の溶存酸素の還元のカソード反応で表される．図3.2において，腐食の進行とともに式（3.3）により界面の溶存酸素が消費されると，これを補うために溶液沖合から界面に向かって溶存酸素が拡散してくるのを待たなければならない．式（3.2）のアノード反応は速やかに進行するので，全体としての腐食反応は溶存酸素の拡散速度によって決まる．流速を高め，温度が高くなると，溶存酸素の拡散速度を高めるので腐食速度も増大する．

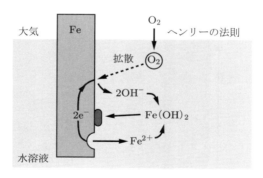

図3.2 水中での鉄の腐食のしくみ

溶存酸素以外にカソード反応に関係する物質，すなわち腐食の原因物質になりうるものには，水素イオン H^+，塩化鉄(Ⅲ) $FeCl_3$，銅イオン Cu^{2+}，次亜塩素酸 $HClO$ などがあり，それぞれつぎの反応式で表される．いずれの式も反応の前後で，原子価の減少を伴うカソード反応になることがわかる．

$$H^+ + e^- \longrightarrow \frac{1}{2} H_2 \tag{3.4}$$

$$FeCl_3 + e^- \longrightarrow FeCl_2 \tag{3.5}$$

$$Cu^{2+} + 2e^- \longrightarrow Cu \tag{3.6}$$

$$HClO + H^+ + 2e^- \longrightarrow Cl^- + H_2O \tag{3.7}$$

 酸性の溶液中では，式 (3.4) によって水素ガスが発生する．たとえば，淡水中では溶存酸素が存在しない場合，水素イオンの還元反応が起こるが，中性域では水素イオン濃度がわずかしか存在しないので，事実上ほとんど腐食しない．式 (3.5) は塩化鉄(Ⅱ)溶液が電子回路基板のエッチング溶液として用いられ，式 (3.6) は銅イオンが金属銅として析出することによって鉄が腐食することを意味している．配管の上流に銅管が接続されている場合，溶出した銅イオンによって下流の鉄管が腐食を受けるのがその例である．次亜塩素酸は，水道水中に含まれる殺菌剤であるとともに強い酸化剤であり，式 (3.7) により塩化物イオンに還元される際に鉄を腐食させる．

 腐食電池作用は，金属表面上にアノード部とカソード部が分布し，時間の経過とともにその位置が変わると考えれば，結果として腐食が均等に進行する現象であると説明できる．一方，アノード位置が固定されれば，局部腐食となる．

 ケンブリッジ大学のエバンス（U. R. Evans）は，腐食反応の電池作用を図3.3のように，電位と電流（通常は対数で表す）を両軸にとるエバンスダイアグラムとよばれる簡単な図で表現した．図(a)において，右下がりの直線はカソード反応による仮想的な電位と電流の関係を表し，右上がりの直線はアノード

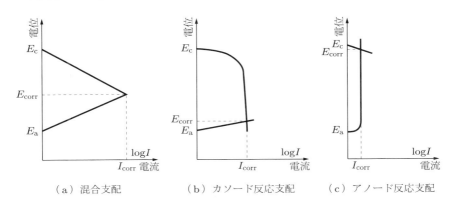

図 3.3　エバンスによる分極模式図

反応による電位と電流の関係を表している．金属上でアノード電流とカソード電流がつりあっているのが，二つの直線が交わる点であり，外部からは観測できないが腐食電流に相当する．図3.3(b)は水中の鉄の腐食反応が溶存酸素の拡散限界電流に支配されている例で，カソード反応支配という．一方，図(c)はアノード反応が支配的な場合で，ステンレス鋼上でカソード反応がいつでも起こりうるが，表面皮膜があるためにアノード溶解が阻止されている代表的な例である．

ところで，水中に酸素がなければどうなるだろうか．溶存酸素がなければ式(3.3)は起こりえないので，電池の対反応である鉄の溶解反応(3.2)も起こらなくなり，実質的に腐食は生じない．

水中には水の解離によってわずかではあるが水素イオンが含まれ，水素発生反応が起こりうる（$H^+ + e^- \longrightarrow (1/2)H_2$）．酸性の溶液では水素イオンが多く含まれていることから，酸素を含まなくても鉄は腐食する．このような腐食を**水素発生型腐食**という．中性域では水素イオン濃度が低いので，水素発生型腐食の寄与は無視できるほど小さいが，100℃以上の高温になると，水の解離度が増大するとともに反応の速度も増大するため無視できなくなる．

金属表面にアノード部とカソード部からなる**局部電池**（local cell）が形成され，その間に電流が流れる．この電流が腐食電流であり，これにより腐食は進行する．局部電池はミクロセルともいう．

3.2 金属の電極電位の測定

エバンスの分極図において，アノードとカソード分極曲線（内部分極曲線という）の交点の混成電位は，実測される腐食電位 E_{corr} に相当するものと考えられる．図3.4は，水中の炭素鋼試験片の電位を電位差計により測定する方法を示したものである．照合電極とは一定の電位を示す基準電極であり，標準水素電極に対して一定の値を有している．表3.1は代表的な照合電極の電位と標準水素電極（SHE）に対する相対値を表す．照合電極は参照電極ともよばれる．電位差計の−端子に照合電極を，＋端子に試料を接続すれば，電位差計の読みは表示の符号に一致する．

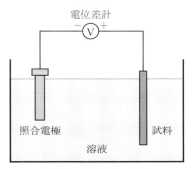

図3.4　腐食電位の測定

表3.1　主要な照合電極

電極系	電極の構成	電位[V] (25℃)	記号
標準水素電極	Pt/H$_2$($p=1$)/HCl ($a=1$)	0.000	SHE
飽和カロメル電極	Hg/Hg$_2$Cl$_2$/KCl　（飽和）	0.241	SCE
銀・塩化銀電極	Ag/AgCl/KCl　（飽和）	0.196	SSC
飽和硫酸銅電極	Cu/CuSO$_4$　（飽和）	0.317	CSE

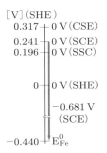

◆ 金属の電位 pH 図

　金属の腐食の可能性は，化学熱力学から導かれる電気化学列によって判定できる．表2.2に示した主な金属の標準電位は，貴な（上位の）電位から卑な電位に向かうほどイオン化する傾向が大で，溶解しやすい．しかし，金属の耐食性は電位列だけでは決まらない．たとえば，アルミニウム Al やチタン Ti の標準電位は低く，イオン化する傾向が大きいにもかかわらず，優れた耐食を示す耐食材料である．イオン化列の大きい金属であっても，金属表面に酸化物の強固な保護皮膜を形成する場合は，優れた耐食材料に変わる．ステンレス鋼は Fe-Cr-Ni からなる合金であるが，保護皮膜（不動態）を形成することにより，あたかも貴金属のような優れた耐食性を示す．

　このように，腐食反応は電気化学反応として電極電位に関係するが，環境条件によっても支配され，なかでも pH が大きな役割を演じ，電位と pH によって腐食傾向を表すことができる．図3.5に鉄の電位 − pH 図（簡略図）を示す．図は，腐食生成物の熱力学的な安定領域を区画化したもので，考案者プールベ

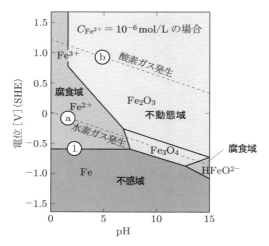

図 3.5 鉄の電位 -pH 図（プールベイダイアグラム）

イ（Pourbaix）にちなんでプールベイダイアグラムともいう．この電位 - pH 図は，種々の熱力学データを電位と pH の関数として表したうえで作図したものである．図中の線①は Fe^{2+} 濃度がきわめて低い 10^{-6} mol/L 条件を仮定しており，線①より下方は，Fe が安定な領域すなわち不感（不活性）域，上方は Fe^{2+} の安定な腐食域，同様に Fe_2O_3，Fe_3O_4 の安定域を不動態域という．したがって，Fe^{2+}/Fe の境界線は理論的なカソード防食電位と考えることができる．図中の線ⓐより下は水の分解による水素発生域であり，線ⓑより上で酸素が発生する．すなわち，線ⓐと線ⓑの間は水が安定に存在する領域である．

実測電位をプールベイダイヤグラム上にプロットして腐食の可能性を予知する場合，実測される電位は平衡電位ではなく，カソード反応とアノード反応からなる混成電位であるのに対して，電位 - pH 図は熱力学的に導出された平衡電位であるから，両者の関係は注意深く読み取る必要がある．

3.3 不動態皮膜とは

ステンレス鋼の耐食性は，数 nm のきわめて薄い**不動態皮膜**とよばれる酸化膜によって維持されている．図 3.6 に炭素鋼の腐食速度と硝酸濃度との関係を示す．硝酸の濃度を高めていくと，炭素鋼の腐食速度は増大するが，臨界濃度

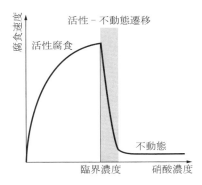

図 3.6 炭素鋼の腐食速度と硝酸濃度の関係

に達すると，急激に腐食速度は低下する．このような活性腐食から不動態への遷移現象を**不動態化**（passivation）という．この現象は，硝酸が強い酸化剤であることから起こるのであって，同じ酸でも硫酸や塩酸では単に浸漬しただけでは起こらない．この不連続現象は，薄い酸化膜によって達成される特異な現象として重要な研究課題となっている．炭素鋼を流水中に浸漬した場合，いつまでも金属光沢を呈している部分が観察される．流速の増大とともに炭素鋼表面への酸素の供給速度が増大すると，不動態皮膜を形成して腐食が急激に減少する．一方，炭素鋼にクロム Cr を添加するとクロム濃度の増加に伴って不動態化は容易に起こるようになり，Fe-10% Cr 以上になると安定な不動態皮膜が得られる．もっとも代表的なステンレス鋼は 18Cr-8Ni の組成を有し，SUS304 に相当する．不動態化現象はステンレス鋼のみならず，炭素鋼，ニッケルなどでも環境条件によって起こりうる．チタンやアルミニウム合金も表面に薄い酸化膜を形成して優れた耐食性を示す．これも不動態皮膜の一種である．

3.4 腐食形態の分類

腐食は，金属の種類と環境によってさまざまな形態に分類でき，そこからそれぞれの腐食の特徴を理解することができる．

(1) 異種金属接触腐食

貴な金属（銅）と卑な金属（炭素鋼）が接触することにより，卑な金属側の

腐食が促進される腐食形態を，**異種金属接触腐食**または**ガルバニック腐食**（galvanic corrosion）という．この腐食では，電位列の相対的な位置関係とともに，両者の面積比とカソードとしての活性によって腐食が増減する．

水中でステンレス鋼と炭素鋼が接触することによって，炭素鋼の腐食が単独の場合よりも促進される原因を考える．図3.7(b)に示すように，ステンレス鋼と炭素鋼が接触することにより，ステンレス鋼がカソードとしてはたらき，それに見合ったアノード電流が炭素鋼に流入するため，炭素鋼単独の場合よりも腐食が促進される．炭素鋼の面積に対してカソードとなるステンレス鋼の表面積が大きいほど，炭素鋼の腐食は著しくなる．硬質塩化ビニルライニング鋼管と青銅製のバルブや水栓金具を接続する際，管端部が樹脂で完全に被覆されていないと，管端部が著しい腐食に見舞われるのもその例である．

鉄と銅が接触していても酸化剤を含まない脱気水中では鉄に異種金属接触腐食は起こらない．配管系ではポンプや継手，付属器具など種々の金属が用いられるので，異種金属接触腐食の機会は多い．異種金属接触腐食は，絶縁材の挿

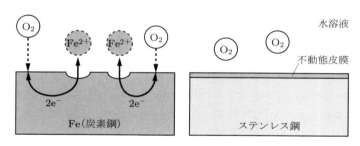

（a）接触していない場合

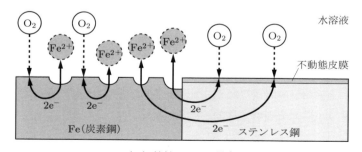

（b）接触している場合

図3.7 水中におけるステンレス鋼の接触による炭素鋼の異種金属接触腐食のしくみ

入，絶縁継手の使用，カソード側に塗装などで絶縁を施すこと，カソード防食を適用することで防止できる．

(2) 迷走電流腐食

地中には，直流電気鉄道からの漏れ電流，高圧送電線下で誘起される電流，地電流などが流れている．直流電気鉄道から漏れ出た電流が近くの土中の埋設配管に流入し，変電所の近くの帰還点で再び環境側に流出すると，その部分は著しく腐食する．この現象を**迷走電流腐食**または**電食**という．変電所を電源とみなした場合，電気分解と類似した機構であることから，**電解腐食**ともいう．ただし，現場の工事関係者の間ではマクロセル腐食（次項参照）や異種金属接触腐食のことを電食とよぶことが多い．電気鉄道でも交流式では電食を生じない．

直流を扱う電解装置やスパッタリング装置，成膜装置の冷却水系でも，樹脂管と金属管が繋がっている場合は，漏洩電流が銅管やステンレス鋼チューブから冷却水に流れ出るところで激しく金属管が腐食損傷を受けることもあるが，これも電食の一種である．

(3) マクロセル腐食

局部電池（ミクロセル）による腐食はアノードとカソードが渾然としているが，アノードとカソードが乖離して腐食電池を形成し腐食が生じるのが**マクロセル腐食**である．たとえば，土中に埋設された給水管やガス導管が，鉄筋コンクリート製建物内で吊り金具や基礎のアンカーボルトなどを介して鉄筋と電気的につながり，全体として大きな面積を有するコンクリート中の鉄筋が有効なカソードとして作用し，土中の鋼管のエルボなどがアノードとなって著しく腐食する．エルボにテープ巻きや塗装が施されている場合，テープのすき間や塗膜の欠陥があると，そこに電流が集中するため，激しい腐食に見舞われる．これを防止するために，絶縁パイプの挿入，絶縁スリーブを用いて鉄筋との金属的接触を避ける措置，カソード防食などの対策がとられる．図3.8に建物周りのマクロセル腐食の機構を示す．コンクリート中の鉄筋とガス管が接触し，コンクリート中の鉄筋がカソードとなり，土中に埋設されているガス管のエルボに腐食電流が集中して腐食が生じる．図3.9は，マクロセル腐食により損傷を受けたガス管のエルボ部で，テープ巻きのすき間から腐食が生じた例である．

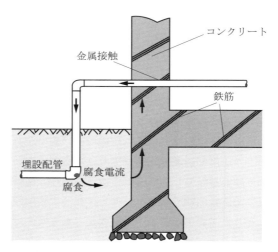

図3.8 建物周囲の埋設配管のマクロセル腐食

図3.9 埋設配管継手部のマクロセル腐食

かつてこのようなマクロセル腐食による事故は少なくなかったが，現在ではマクロセル腐食の原因を排除し，金属管から樹脂配管に材料を変更するなどの対策により，ほとんどみられなくなった．

　通気性の異なる土壌中を貫く配管では，酸素濃淡電池機構（次項参照）により，通気性の良い部位がカソード，通気性の悪い部位がアノードとなって腐食する．

(4) 通気差電池腐食

鉄面上で溶存酸素濃度に差が生じると,溶存酸素濃度の高いほうがカソード,低いほうがアノードとなって電位差が生じて,酸素濃度の低い部分が腐食する(3.1節参照).この現象を**酸素濃淡電池**または**通気差電池腐食**という.鉄板上に水滴を垂らすと,中心部は水膜が厚く,裾野は薄層になるので,時間の経過とともに裾野部分は酸素の供給が速いためカソードに,中心部は酸素の供給が遅いためアノードとなり,酸素濃淡電池を形成して水滴中心部が腐食する(図3.10).水滴にアルカリ性の指示薬フェノールフタレインと Fe^{2+} の指示薬フェリシアン化カリウムを混ぜておくと,水滴の裾野はアルカリ性を示すピンク色,中心部は鉄 Fe の溶解を示す青色に見える(図で黒くみえる部分).海岸の鋼矢板では,海水面直上の酸素の供給が盛んな部分がカソード,界面直下がアノードとなって界面で著しい腐食が生じる.これは通気差電池腐食によるものである.

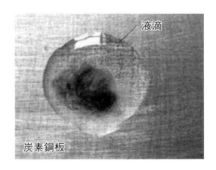

図 3.10　通気差電池による液滴下の腐食

通気差電池においては酸素の少ないほうが腐食するので,鉄が酸素によって腐食するという一般的概念に照らせば矛盾しているようにもみえる.酸素の多いカソードが腐食しにくいことを説明するには,不動態化現象を考慮しなければならない(3.3節参照).

(5) 鉄筋コンクリートの劣化

コンクリート中に埋設されている鉄筋は,強いアルカリ性の環境にあるため,炭素鋼筋は不動態化していて腐食しない.しかし,年月の経過とともに大気中の二酸化炭素の影響を受けて中和され,pH が低下していく.これを**コンクリ**

ートの中性化という．中性化すると，水分と溶存酸素が侵入することによって鉄筋の腐食が始まる．錆の生成に伴って体積膨張によりコンクリートのひび割れが拡大して腐食が加速する．

中性化とともに鉄筋の電位も低下するため，鉄筋の電位が高ければ，不動態が維持されている証拠である．コンクリートの中性化は，フェノールフタレインの指示薬をかけても無色のままだと中性化していることになる．ただし，この方法では，鉄筋の錆の発生の可能性は予測できても，どのくらい侵食を受けているかはわからない．

(6) 微生物腐食（MIC）

溶存酸素濃度が低い土中や汚染海水中など嫌気性環境では，**硫酸塩還元菌**（sulphate reducing bacteria：**SRB**．細菌属名：*Desulfovibrio desulfuricans*）が増殖して腐食を促進する原因になる．SRB は，嫌気性環境で硫酸イオン SO_4^{2-} を硫化物 H_2S に還元するはたらきがある．硫化水素は鉄と反応して黒色の硫化鉄 FeS を生成する．硫化鉄は固着していると保護的に作用するが，内部歪みにより破壊されると腐食が進行する．図 3.11 に，埋設配管の SRB によるマクロセル腐食の概念を示す．土中のパイプラインの腐食は，溶存酸素が存在する好気性部分と SRB が増殖する嫌気性部分とのガルバニック作用によって嫌気性部分が腐食するものと考えられる．

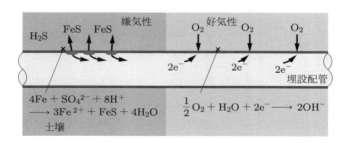

図 3.11 SRB や通気差による埋設配管の腐食

排水管に用いられている鋳鉄管内面にも激しい微生物腐食が生じることが知られるようになった．汚泥が堆積した管の底部では嫌気性となるため，SRB が増殖して硫酸イオンを硫化水素に還元し，硫化水素は気相部に移行するとともに管壁の結露水に溶ける．そこでは，硫黄酸化細菌の活動により，硫酸が生成

される．このようにして気相部で著しい腐食が起こる．

近年，ステンレス鋼配管が好気性菌によって著しい腐食損傷を被ることが知られるようになった．もともとは嫌気性環境における SRB による腐食を微生物腐食とよんでいたが，このような好気性菌によるステンレス鋼の微生物腐食が見出されるようになってからはどちらも含めて**微生物腐食**（microbiologically influenced corrosion：**MIC**）とよばれている．

SUS304L 製の配管系で工業用水を用いて耐圧テストを行ったところ，1～3 カ月のきわめて短期間に溶接部に孔食（3.5 節(1)参照）による漏えいが検出された．それらは MIC によるものと判断されている．MIC の一つの特徴は，ステンレス鋼の電位が時間の経過に伴って著しく貴化することである．たとえば，天然海水中でステンレス鋼が時間の経過とともに $+400\,\mathrm{mV}(\mathrm{SCE})$ 以上の高い電位を示すことが知られている．ただし，煮沸した人工海水を用いた実験ではこれを再現することができなかった．実海水では，ステンレス鋼上にバイオフィルムを生成することによって電位が貴になることが報告されており，微生物の代謝生成物が過酸化水素 H_2O_2 のような酸化性の物資であることが推定されるようになった．かつて河川水をボイラ給水に使用し，炭素鋼管が錆などで汚染されるのを嫌って，ステンレス鋼（SUS304）配管（管厚約 8 mm）を使用し腐食が起こった事例がある．これは，管の周溶接ビードに沿って漏水を起こした事例で，侵食度は見かけ上 4 mm/y 以上に達した．空調用銅管の孔食についても微生物の関与が指摘されている．

(7) アルカリ腐食

アルミニウム，亜鉛，鉛などの両性金属は，アルカリ性環境では AlO_2^-，$HZnO_2^-$，PbO_2^- などの可溶性錯イオンを生成し，保護皮膜を形成しにくくなるため，酸素の存在下で腐食が起こる．これを**アルカリ腐食**という．亜鉛とアルミニウムの pH と腐食速度の関係を図 3.12 に示す．図からわかるように，酸性やアルカリ性環境では腐食速度が増大する．亜鉛は pH 12 程度の比較的高アルカリ域まで耐食性を示すが，それを超えると急速に腐食速度が増す．純アルミニウムは pH 4.5～7 の領域で耐食性を示すが，比較的弱いアルカリ性環境でも腐食されやすく，pH 8.5 以上では錯イオン AlO_2^- をつくって腐食する．

炭素鋼は，常温の高アルカリ性環境では不動態化して耐食性を示すが，高温濃アルカリ性環境では可溶性の $HFeO_2^-$ を生成して不動態化を妨げるため溶

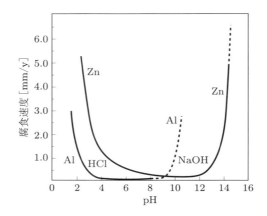

図3.12 亜鉛とアルミニウムの腐食とpHの関係
([出典] B. Boethli Cox & W. Littreal : *Metal and Alloys*, vol. 3, p. 73, 1932.)

存酸素存在下で腐食する.鋼材に引張応力が負荷されるか,残留応力が存在すると応力腐食割れを生じる.これを**アルカリ脆性**という.

3.5 局部腐食とは

金属材料にみられる腐食は,全面が均一侵食される事例はまれで,多くは微細なピンホールから大きな穴まで局在化した腐食形態を示す.ステンレス鋼のような不動態金属では,しばしば針穴のようなピットが生じて配管やタンクの漏水を起こすことがある.ステンレス鋼ではひび割れを伴った局部腐食がみられ,銅管では流速が速い部位では抉られたように腐食するエロージョン・コロージョン,迷走電流によって穿たれた大きな穴,海水中における鋼矢板の喫水線における集中腐食による穴などがある.それぞれ原因・機構は異なるが,いずれも局部腐食という.このような局部腐食の原因を考え,防止対策を考えるのは防食技術の大きな使命である.

(1) 孔 食

ピンホール状の腐食を生じる場合を**孔食**(pitting)という.孔食は不動態金属で生じやすく,典型的な孔食はステンレス鋼の場合,溶存酸素と塩化物イオンCl^-が共存する環境でみられる.孔食はステンレス鋼,アルミニウム合金,

銅，炭素鋼などで生じる．孔食は不動態皮膜の欠陥が起点となってその部分で金属溶解が進行し，ピットの萌芽が生起する．不動態皮膜が修復されないと，ピット内のアノードとそれを囲むカソードが固定され，電池作用によりアノード部は短期間に管壁などを貫通する．ステンレス鋼で発生するピットは不動態皮膜の欠陥部や MnS のような非金属介在物が起点となると考えられている．そこにできるミクロな凹みで金属の溶出が継続し，溶出した正電荷の金属イオン Fe^{2+} を打ち消そうとして水中に存在している代表的な負電荷のイオン Cl^- が，凹みの中に泳動してくる．図 3.13 はその様子を模式的に示したものである．凹みの中は $FeCl_2$ の濃縮が生じ，それがさらに加水分解されることにより凹みの中は酸性化（pH 1.5〜3）する．その結果，皮膜の溶解度は増大し，ピット上の不動態皮膜の修復はますます困難になる．そうすると，凹みの中はアノード，まわりは不動態皮膜がカソードとなって，腐食電池は固定化され，活性－不動態電池作用によりピット内のアノードはますます溶解が進行する．孔食以外のすき間腐食の成長もほぼ同様に考えることができる．

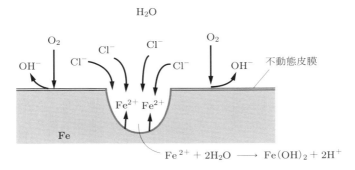

図 3.13　孔食の成長のしくみ

耐食性の優れた銅管にも孔食が発生する場合がある．銅は不動態金属ではなく，酸化銅（Ⅰ）Cu_2O からなる表面皮膜を形成すると，カソード反応が抑制されることによって耐食性が増す．また，銅はイオン化列小さく，耐食性の優れた金属と考えられているが，給湯銅管，給水配管用の銅管，空調システムでは，ファンコイル，エアハンドリング・ユニット用の銅管（軟質）に孔食が生じることがある．日本では，ホテル，病院などの中央循環式の給湯銅管に生じるものはⅡ型孔食という．銅管内面にはまず Cu_2O や CuO の酸化膜が形成される．

ついで水中の成分と反応して塩基性硫酸銅や塩基性炭酸銅などが生成される．これらの生成物がピットの萌芽となる浅い凹みの上を覆うと，ピット内の液性が酸性化しやすくなる．また，シリカなどを皮膜中に取り込んで特定の皮膜組成になると，一種の不動態化が生じる．このような不動態化の条件が整えば，ステンレス鋼の場合と同様に，酸化剤と塩化物イオンの共存下で孔食に発展する．いったん，ピットの萌芽ができると，ピットは成長していく．

(2) すき間腐食

フランジ継手のガスケット下のすき間，または異物や析出物の下にできるすき間を起点として起こる腐食を**すき間腐食**という．構造的なすき間ができるからといって，そこに必ずすき間腐食が起こるわけではない．すき間腐食は不動態金属で起こりやすく，非不動態金属では不動態化が前駆現象として起こる．炭素鋼でもアルカリ性環境で不動態化し，塩化物イオンが存在するとすき間腐食を生じる．チタンも強固な酸化膜で覆われた不動態金属であるから，高温塩化物溶液のように，はるかに腐食性の強い環境ですき間腐食を起こすことが知られている．図3.14にステンレス鋼におけるすき間腐食の機構図を示す．ガスケット下部のすき間では酸素が欠乏しがちになるので，不動態皮膜が化学的に不安定化してアノードとなり，すき間以外の皮膜の健全なところがカソードとなって酸素濃淡電池作用によりすき間腐食が進行する．ステンレス鋼を使用する場合で，すき間構造にならないようにするには，ガスケットが密着しやすい材料の選定，塩化物を含むガスケットを使わないことが必要である．すき間腐食が生じやすいのは，物質移動が妨げられるようなすき間寸法とされ，ステンレス鋼では40 μm程度とする見解もある．

炭素鋼は不動態化しなければ，すき間内で腐食反応によって酸素が消費された後は酸化剤がなくなるので腐食しなくなる．すき間部以外は，酸素濃度に応

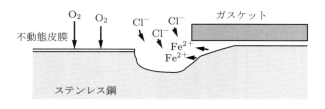

図3.14　ステンレス鋼のすき間腐食の機構図

じた腐食を生じる．保護皮膜のない金属面で起こる活性溶解腐食は，酸素濃度に応じた腐食が生じる．銅の場合も不動態化しないのですき間腐食は生じにくい．

(3) 粒界腐食

結晶粒界に沿って深く侵食され，結晶粒が脱落するような形態の局部腐食を**粒界腐食**という．金属組織をミクロに見た場合，金属の結晶粒界は粒内に比べて不純物が多く偏析しており，格子欠陥も含むので結晶格子も乱れているために腐食しやすい．金属組織を顕出するためにエッチングを行い，結晶粒界を明確にする操作はよく行われる．しかし，実用的な意味では，溶接や熱処理が原因となって金属組織が変化する場合に，結晶粒界近傍が著しく侵食され，激しい場合には結晶の脱落を伴いながら侵食される．

図 3.15 は，顕微鏡で見た粒界腐食を生じた断面の模式図である．もっとも典型的な粒界腐食は SUS304 ステンレス鋼（18Cr-8Ni）の溶接熱影響部に起こる．溶接線に沿って 650℃ 付近に加熱された部分の結晶粒界で鋼中の炭素 C と合金元素のクロム Cr が反応して炭化クロム $Cr_{23}C_6$ として析出する．そのため，その近傍ではクロム濃度が低下し（11％以下），不動態皮膜は不安定になる．その結果，粒界のクロム欠乏層に沿って侵食を受ける．このように，粒界腐食は金属組織学的要因が大きく，溶接熱の影響に注意が必要であり，1050℃ の高温に加熱処理（溶体化処理という）することにより標準組織に戻り，粒界腐食を回避することができる．材料の選択によっても改善できる．SUS304L は炭素量を低くすることにより（C < 0.03％），また SUS321，SUS347 は C を Ti，Nb などで固定化することにより，クロム炭化物の粒界析出が抑制されて粒界

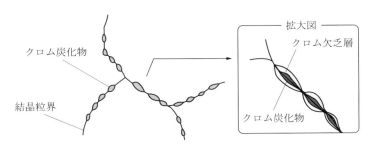

図 3.15　ステンレス鋼（SUS304）の粒界腐食と鋭敏化組織の模式図

腐食を防止できる.

　ステンレス鋼以外の金属では，アルミニウム合金に粒界腐食がみられる．アルミニウム合金は金属間化合物の析出硬化を利用して強度を高めることが多いが，析出物の境界部分は析出物自体が溶出して局部腐食を引き起こすことがある.

(4) 応力腐食割れ（SCC）

　ひび割れを伴いながら腐食が進行する状態を**応力腐食割れ**（stress corrosion cracking：**SCC**）といい，アノード溶解が優先する APC（active path corrosion）型と，水素脆性のように割れが先行するタイプがある．前者は化学プラントにおける熱交換器や原子力発電プラント冷却水系のオーステナイト系ステンレス鋼管の**粒界応力腐食割れ**（inter granular stress corrosion cracking：IGSCC）であり，炭素鋼のアルカリ脆性などである．後者は高強度炭素鋼の遅れ破壊，硫化物応力割れ（次項参照）の事例が挙げられる．SUS304 をはじめとするオーステナイト系ステンレス鋼の SCC は，材料・環境・応力の三要素が重畳した特定の条件でのみ起こる．図 3.16 はステンレス鋼の応力腐食割れを起こす場合の三要素の関係を示す．材料側の要因はクロム炭化物の析出による金属組織変化が考えられ，環境側の要因は溶存酸素や塩化物が考えられる．化学プラントでは酸化剤としてさまざまなものを取り扱う可能性はあるが，冷却水などの通常の淡水では，溶存酸素や塩化物イオン濃度が高ければ SCC が発生する可能性が高くなる．大気下でも保温材の下でステンレス鋼管外面に SCC を生じることがある．この場合は乾湿の繰り返しにより，保温材に含まれる塩化物

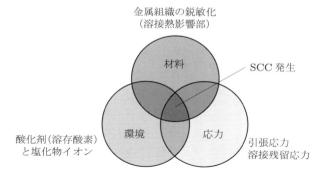

図 3.16　オーステナイト系ステンレス鋼に SCC を引き起こす三要素の関係

が濃縮され，SCC感受性が高まる．強度因子としては，鋼構造物に対する負荷応力（引張）や溶接残留応力が考えられる．対策として，溶接に際して残留応力を低く抑えるため冷却しながら溶接を行い，ショットピーニングを行って表面に圧縮応力が残るような処理を行う．

　SCCの防止対策としては，SUS304LやSUS316Lなど低炭素系ステンレス鋼を使用し，クロム炭化物の析出を抑制する．低炭素フェライト系ステンレス鋼（SUS444）は鋭敏化しないので，耐SCC材料として好まれる．また，感受性を高めないような溶接方法を採用する対策もある．強度因子としては見落としがちなのが溶接残留応力である．これは，原子力発電プラントにおけるステンレス鋼製冷却水配管のSCC問題で明らかになった．

　アルミニウム合金，銅合金でもSCCが生じることがある．アルミニウム合金では粒界の析出物自体が溶解する場合と，析出物とマトリックス境界に沿って割れが進展する場合がある．黄銅の**時期割れ**（season cracking）は応力腐食割れの一種で，$\alpha + \beta$二相合金において発生する場合があり，応力要因としては切削などによる加工残留応力に起因することがある．環境要因としては，アンモニアやアミン誘導体の存在が挙げられる．

(5) 硫化物応力割れ

　石油・ガス井は，近年，掘削深度が深くなり，その結果，高温高圧で二酸化炭素分圧が高い腐食性環境となった．この腐食性環境をスイート（sweet）環境という．また，硫化物濃度が高くなると（サワー（sour）環境），腐食性はさらに強くなる．そのため，炭素鋼管に対して，インヒビターによる防食では耐えられなくなり，油井用鋼管（チュービング）やラインパイプ材料には，マルテンサイト系13Cr鋼が用いられるようになった．スイート環境では炭酸塩の解離によりpHは低下し，常温ではpHが5～6に維持されるので腐食性が強くなるが，高温では水の解離度が高くなり，酸素を含まない環境でも腐食性は強い．サワー環境では硫化水素を伴い，硫黄Sの存在は吸着水素原子の触媒能により鋼中への水素の吸蔵を高める．その結果，水素脆性が生じやすくなり，**硫化物応力割れ**（sulfide stress cracking：SSC）が生じる．このほか，水素に起因する割れには，**水素誘起割れ**（hydrogen induced cracking：HIC）がある．HICは，鋼中に固溶した水素が拡散して介在物と地鉄の界面に水素ガスとして析出し，塑性変形の方向に割れが発生し，階段状に進展していくのが特徴である．

(6) エロージョン・コロージョン

金属は，高流速媒体中で種々の腐食や損傷を受ける．表3.2に高流速の流体中の金属の侵食と腐食による損傷形態の分類を示す．

表3.2 流速による金属の侵食と腐食

材料劣化の種類	現象	材料
エロージョン・コロージョン（潰食）（erosion-corrosion）	高速流体による機械的作用と電気化学的腐食の相互作用による侵食．	海水や淡水を扱う銅や銅合金管
流れ加速腐食（flow-accelerated corrosion：FAC）	高温水の急速な流れによる炭素鋼管の腐食加速．	炭素鋼
スラリー・エロージョン（slurry erosion）	スラリー輸送配管やポンプなどで液－固体で生じる侵食．	スラリー輸送配管
サンド・エロージョン（sand erosion）	砂やガス環境で固体粒子の飛翔など気－固体系で生じる侵食．	砂，セラミックス粉体等輸送配管
キャビテーション・エロージョン（cavitation-erosion）	著しく大きな流速下，静圧の低下するところで気泡が発生し，気泡の消滅時の衝撃力による損傷．	船舶推進翼，ポンプインペラー，シリンダーライナーなど高速で回転する機器
液滴衝突エロージョン（ー）	液滴衝突により衝撃圧が材料に作用し，損傷を受ける侵食．	航空機，蒸気タービンなど

エロージョン・コロージョン（erosion-corrosion）は，乱流を伴って速い流速で流れている流体（水）によって，腐食と機械的共同作用で配管が局部的に侵食される現象で，炭素鋼や銅・銅合金など多くの金属で起こる．**衝撃腐食**（impingement attack）ともいう．銅管や銅合金などの軟質の材料で起こりやすく，代表的なものは給水・給湯銅管の曲がり部や，エルボ継手の下流部で，金属面がえぐられたように侵食を受ける局部腐食形態を示し，これは**潰食**ともいう．海水熱交換器に使用されるアルミニウム黄銅管やキュプロニッケル管で，伝熱管の海水入口管端部で生じる潰食をインレットアタック，海水に混入する貝殻，異物が管内に停滞し，管壁とのすき間で流速が増大して生じる潰食をデポジットアタックという．

3.5 局部腐食とは

高い流速で流れる流体や蒸気がエルボやティーズ部で急に方向性が変化する部位の下流で生じやすく，流体中に砂や懸濁物質，気泡などが含まれていると管内面に衝撃的に作用し，表面皮膜や腐食生成物を破壊する．このような現象をスラリー・エロージョン，サンド・エロージョンという．

(7) 腐食疲労

低い強度レベルでも，金属に繰り返し交番応力を加えると破壊が生じる．この現象を**疲労破壊**という．

図 3.17 に炭素鋼の応力 S と繰り返し数 N の関係を示す．これは，疲労寿命曲線または $S-N$ 線図という．S レベルが低下すると破断にいたるまで N が増大し，ある S レベルになると，N が増大しても破断しなくなる．この繰り返し応力を負荷しても強度が劣化しない限界の応力を耐久限という．実用鉄鋼材料について耐久限を求めておくことは強度設計のために重要であるので，回転曲げ試験機を用いてデータが蓄積されている．腐食性環境では，$S-N$ 線図に明確な耐久限がなくなり，繰り返し数が増大するに伴って強度は低下していく．このような現象を**腐食疲労**または**腐食疲れ**という．炭素鋼の疲労破壊では，顕微鏡で観察すると，破断面に木の年輪に似た縞模様（ストライエーション）が観察される場合がある．これは亀裂先端の進行距離を反映しており，疲労破壊の証拠になる．疲労破壊は振動，波浪，熱などの交番応力が負荷された場合に起こり，回転機における疲労，石油掘削リグが波浪により倒壊した事例，配管が温水の通水・停止に伴う熱疲労により亀裂の発生や破損を生じることがある．

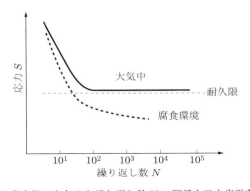

図 3.17　炭素鋼の応力 S と繰り返し数 N の関係を示す疲労寿命曲線

(8) 黒鉛化腐食

外見上，管は元の形状を維持しているものの，鋳鉄管の腐食により腐食生成物と黒鉛が混在して黒化する腐食がある．これを**黒鉛化腐食**（graphitization）という．黒鉛化腐食は土中埋設された鋳鉄管の内外面の腐食で発生する腐食形態で，金属の強度を劣化させる．

(9) 溝状腐食

呼び径 100 A 以上の大口径の炭素鋼鋼管には，電気抵抗溶接鋼管（電縫鋼管）が使われる．電縫鋼管は，帯鋼を冷間で加工して丸め，端部のみを電気抵抗溶接を行ったものである．

電縫鋼管には，しばしば電縫部に沿って選択的に深く侵食される腐食が生じ，使用後数ヶ月あるいは数年の比較的短期間に漏水に至る場合がある．これを**溝状腐食（溝食）**という．溝食の状況を図 3.18 に示す．溝食による漏水事故は上水，地下水，工業用水，海水などいずれの環境でも事例があり，溝食部の平均侵食度は 2.7〜5.8 mm/y と著しく高い．溝食の侵食度は溶液の電気伝導率が高いほど大きく，上水では 1.5 mm/y であり，海水では 5.0 mm/y にも達する．

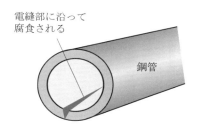

図 3.18　電縫鋼管の腐食

溝食は製管時，溶接工程で冷却時に電縫部は硫黄 S が硫化マンガン MnS の周りに濃化してその部分が水中でアノードとなり，相対的に広い面積の母材側がカソードとなってマクロセルを形成し，著しい侵食度を示す．銅 Cu やチタン Ti を添加し，硫黄含有量をなるべく少なくし，電縫部と母材部の電位差を解消した耐溝状腐食鋼管 SGP（MIN）が開発されてからは，腐食事例が少なくなった．

3.6 分極曲線の測定と意味

(1) 分極曲線

ポテンショスタット（定電位に保持する装置）と電位掃引装置（スキャナー）を用いて測定した金属の電位－電流特性を示す曲線を**分極曲線**（polarization curve）という．図3.19は，10% H_2SO_4 溶液中で求めたステンレス鋼（SUS304）のアノード分極曲線である．図のグラフの形は，ステンレス鋼のように不動態化挙動を示す場合の代表的な例である．図において，カソード域からアノード方向に電位を掃引すると，アノード電流が流れはじめ，ついで活性溶解のピークが現れる．活性－不動態遷移により，電流は低下し，不動態域に入る．さらに電位を高めると，再び電流が上昇し始め，過不動態域に入る．過不動態域では，クロムの六価溶解の電流と同時に水の分解による酸素発生反応による電流が加わる．ステンレス鋼は通常，不動態域で使用される．分極曲線の形状は鋼種や環境によって異なり，不動態特性やステンレス鋼の耐食性能を読み取ることができる．

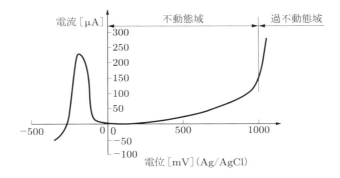

図3.19　10% H_2SO_4 溶液中における SUS304 のアノード分極曲線

(2) 腐食モニタリングの方法

金属の腐食速度は，均一腐食を仮定して単位時間，単位面積あたりの腐食減量から平均腐食速度として計算されるが，その場そのときの腐食速度を求めることができれば，腐食速度のモニタリングが可能であり，たとえば，腐食速度が増大し始めたらインヒビター（防錆剤）を投入したり，操業条件を変更した

りといった腐食を抑制する対策を迅速にとることができる．**分極抵抗法**は，センサとなる金属片に対して，数ミリボルトの微少な電位変化 ΔE を与え，その電流応答 ΔI から分極抵抗 $R_\mathrm{p} = \Delta E/\Delta I$ を求める方法である．腐食電流 $I_\mathrm{corr} = k/R_\mathrm{p}$ の関係に基づいて，あらかじめ定数 k を求めておくことによって，分極抵抗 R_p の経時的変化を計測し，腐食速度の経時変化を求めることができる．分極抵抗の原理を適用した各種の腐食モニタリング装置は，市販されている．

一方，減肉厚さを電気抵抗の増加として検出し，その経時的変化から腐食速度を計算する方法もある．ホイル状や細線状にしたセンサーをホイートストンブリッジ回路の一辺に組み込んで非腐食片に参照して抵抗変化を求める方法で**電気抵抗法**という．分極低抗法，電気抵抗法いずれも，局部腐食の検出にはやや難点がある．

試料電極の腐食電位（または自然電位）や Pt 電極の酸化還元電位の変化を追跡することによって腐食性環境かどうかを判定することができる．嫌気性環境や硫化物が存在する環境では酸化還元電位が低下し，次亜塩素酸，過酸化水素などの酸化剤が存在すると電位は上昇する．

3.7 スケールの生成とランゲリア飽和指数

対象となる水がスケールを析出するかどうかを判定する指標となるのが，**ランゲリア飽和指数**（Langelia saturation index：**LSI**）である．単に飽和指数（SI）ともいう．カルシウム硬度の高い硬水では，金属表面に炭酸カルシウム $CaCO_3$ が飽和に達し，スケール障害を引き起こす．軟水ではこのような可能性はないが，硬水地帯ではスケール防止の水処理が重要な技術的課題である．ランゲリア飽和指数は，次式のように，炭酸カルシウムの溶解度積 K_so，第二段炭酸塩平衡定数 K_2 から導き出すことができる．

炭酸カルシウム溶解度積 $[\mathrm{mol/L}]$：$K_\mathrm{so} = [Ca^{2+}][CO_3^{2-}]$ (3.8)

炭酸の第二段解離定数（K_2）は，つぎのようになる．

$$HCO_3^- \longrightarrow H^+ + CO_3^{2-} \quad K_2\,[\mathrm{mol/L}] \quad (3.9)$$

$$K_2 = \frac{[H^+][CO_3^{2-}]}{[HCO_3^-]} \quad (3.10)$$

式 (3.8)，(3.10) から，

$$\frac{[\text{Ca}^{2+}][\text{HCO}_3^-]}{[\text{H}^+]} = \frac{K_{\text{so}}}{K_2} \tag{3.11}$$

となり，両辺の対数をとり，pH $=\log\{1/[\text{H}^+]\}$，$[\text{HCO}_3^-]\sim(\text{Alk})$，炭酸カルシウムが飽和に達する pH を pH_s とすると，次式の関係が得られる．

$$\log[\text{Ca}^{2+}] + \log(\text{Alk}) + \text{pH}_\text{s} = \log\frac{K_{\text{so}}}{K_2} \tag{3.12}$$

いま，$p\text{Ca} = -\log[\text{Ca}^{2+}]$，$p(\text{Alk}) = -\log(\text{Alk})$ で表し，溶解性物質の影響を示す補正値を S とすると，25℃における $\log(K_{\text{so}}/K_2) = 1.99$ であるから，つぎのようになる．

$$\text{pH}_\text{s} = 1.99 + p\text{Ca} + p(\text{Alk}) + \text{S} \tag{3.13}$$

K_{so}，K_2 のイオン強度と温度に対する補正値を表から求めて，pH_s は次式で表すことができる．

$$\text{pH}_\text{s} = \text{A} + \text{B} - \log[\text{Ca}^{2+}] - \log(\text{Alk}) \tag{3.14}$$

ここで，A は水温に対する補正値，B は蒸発残留物に対する補正値である．各温度における値を表 3.3 に示す．

実測した pH を pH_m とすると，ランゲリア飽和指数 LSI は次式となる．

$$LSI = \text{pH}_\text{m} - \text{pH}_\text{s} \tag{3.15}$$

上式は，$LSI > 0$ であれば炭酸カルシウムが析出し，$LSI < 0$ ならば未飽和で

表 3.3 飽和指数を計算するための係数
([出典] E. Nordell：Water Treatment for Industrial and Other Uses, 2nd ed., p. 287, Reinhold, 1962.)

水温[℃]	A	蒸発残留物[mg/L]	B
0	2.60	0	9.70
4	2.50	100	9.77
8	2.40	200	9.83
12	2.30	400	9.86
16	2.20	800	9.89
20	2.10	1000	9.90
25	2.00		
30	1.90		
40	1.70		
50	1.55		
60	1.40		
70	1.25		
80	1.15		

あることを示している．東京都の水道水におけるランゲリア飽和指数 LSI は約 -1.3 であり，未飽和の軟水である．

第4章 金属材料の特性と耐食性

本章では,主な金属材料についてその材料特性と耐食性について説明する.炭素鋼は耐食材料の範疇には入らないが,汎用される材料であり,亜鉛めっき鋼管や耐候性鋼などはステンレス鋼とは異なる特性の耐食性がある.用途や耐久寿命を考慮してこれらの材料を使い分ける.

4.1 炭素鋼

炭素鋼は,熱処理を施すことによって,強度,硬さ,靱性が広範囲に変化し,用途に応じた種々の鋼種が造られている.鉄 Fe はフェライトとよび,常温では C を 0.02% とわずかに固溶するにすぎない.過剰な炭素は炭化物 Fe_3C として析出し,これをセメンタイトとよぶ.フェライトとセメンタイトの混合組織はパーライトであり,炭素量によってさまざまな金属組織を呈する.$C<0.2\%$(重量)の低炭素鋼は一般構造用鋼といい,建築,橋梁,車両,船舶など広く一般的に用いられる材料である.さらに,炭素量が多くなると強度と硬度も高くなり,高張力鋼や工具鋼などとして用いられる.

炭素鋼はアルカリ性領域では不動態化し,腐食は抑制されるが,中性域では形成する錆層が多孔性であるため腐食が持続し,何らかの防食対策が必要となる.水中における炭素鋼は腐食により,外層の錆はオキシ水酸化鉄 FeOOH(赤錆),内層の錆にはマグネタイト Fe_3O_4(黒錆)が生成される.

水中では,一般に,炭素量,金属組織,強度などによって炭素鋼の腐食速度に大きな差が生じることはない.それは,炭素鋼の腐食速度が水中の溶存酸素の拡散速度によって制限され,鉄のアノード溶解の速度は金属組織に依存しないことによる.水道水や工業用水中の炭素鋼の腐食速度は 0.1 mm/y 程度であり,静止海水中でもほぼ同程度であるが,流速を伴う場合は 0.5 mm/y 以上になる.しかし,海岸地帯や海水飛沫帯は乾湿繰り返しによる塩分の濃縮によりさらに高い腐食速度を示す.土壌中では土質に依存するもののローム質土壌中

の全面腐食は 0.05 mm/y 以下である．これ以上の高い腐食速度を示す場合は，通気差電池腐食，微生物腐食などのマクロセル腐食によることが多い．

炭素鋼を圧延や切削など強加工しても，水中の腐食速度に大きな影響はない．しかし，酸性環境になると事情は異なり，水素発生型 ($H^+ + e^- \longrightarrow (1/2)H_2$) の腐食はカソード反応としての水素発生過電圧が材料の金属組織に依存し，炭素量や加工度によって腐食速度も変化する．

一方，高強度鋼になると，腐食反応によって生成した原子状水素 H が応力場の結晶格子中に侵入し，そこで，原子状水素が結合し水素分子 H_2 となる際に鋼の強度を低下させ，ブリスター（膨れ）を生じ，水素脆性を引き起こす．大気中においても鉄は酸素と水分があれば腐食し，腐食が局在化すると水素が発生する．つまり，高張力鋼が大気中で腐食すると，アノード部では溶出した鉄イオンが濃縮し，それが加水分解することによってピット内が局部的に酸性化する．その結果，水素発生型 ($H^+ + e^- \longrightarrow (1/2)H_2$) の腐食によって生じた水素によって水素脆化がもたらされる．強度が高すぎると，腐食による水素脆化が原因で破壊を引き起こすことがある．かつて橋梁に使われていた高張力ボルトが遅れ破壊によって脱落する事故が生じたこともある．

1930 年代に US スチール社によって開発されたのが，耐候性鋼である．リン P，銅 Cu，クロム Cr を微量添加した低合金鋼は大気下の腐食が著しく減少することが見出され，耐候性鋼と名づけられた．これらの元素を添加することによって緻密な錆層が形成され，それによって腐食が抑制されるようになる．耐候性鋼は，理想的には塗装を施す必要がないので，メンテナンス費用がかからず経済的である．日本でも 1960 年代に鉄鋼メーカーによって耐候性鋼の開発研究が競って行われた．高耐候性鋼の化学組成は，JIS G 3125, 3114 に規定され，冷延鋼板（SPA-C）では Cu：0.25〜0.60％，Cr：0.30〜1.25％，Ni：0.65％以下などの合金元素を含んでいる．

4.2 亜鉛めっき鋼管

亜鉛は鉄とともに歩む金属といえる．従来，亜鉛の需要は，粗鋼生産量に比例して増減している．亜鉛は溶融亜鉛めっき，電気亜鉛めっき，ジンクリッチペイント，亜鉛溶射などの方法で炭素鋼を被覆して防食する用途が多い．溶融亜鉛めっきは俗に「どぶ付け」とよばれ，古くから今日まで水道用の亜鉛めっ

き鋼管や屋根材などに用いられてきた．溶融亜鉛めっきは，素地の鉄との間に硬い合金層を形成するため，曲げ加工ができない難点がある．それに対して電気亜鉛めっき鋼板はコイル状にして連続めっきが可能で，生産性がよく，また合金めっきも可能であるうえ，加工性が良好である．亜鉛は犠牲陽極作用（5.3節参照）によって素地の鉄を守る効果があり，亜鉛めっき層にピンホールがあったとしても素地の鉄を錆びさせることはない．

溶融亜鉛めっき鋼管には，水配管用亜鉛めっき鋼管（SGPW）と配管用炭素鋼鋼管（SGP．白）があり，前者はかつて水道配管に広く使われていた．前者は亜鉛目付量 $600\,\text{g/m}^2$ で，厚みはほぼ $85\,\mu\text{m}$ 程度であるが，耐食性は十分でなかった．後者は亜鉛めっき量についてはとくに規定はないが，厚みは $50\,\mu\text{m}$ 以下と薄い．亜鉛層の腐食速度は水の pH に強く依存するが，通常，腐食速度は $0.02 \sim 0.04\,\text{mm/y}$ 程度である．亜鉛めっき層は，下地の鉄よりも電位が卑（低い）であるため，鉄よりも溶解しやすい．すなわち，亜鉛が優先的に溶解することによって素地の鋼が守られ，犠牲陽極として作用するのである．

4.3 鋳 鉄

炭素 $C > 2.1\%$ 含む鉄を鋳鉄という．炭素は黒鉛となって，フェライト相やパーライト相の地鉄中に鱗片状や球状に分散した金属組織となる．鱗片状の黒鉛が分布しているものをねずみ鋳鉄（片状黒鉛鋳鉄），球状のものを球状黒鉛鋳鉄（ダクタイル鋳鉄）という．前者は黒鉛の形状から強度的に弱く脆い．JIS 規格では強度で分類されており，引張強さ $200\,\text{N/mm}^2$ は FC200，$250\,\text{N/mm}^2$ は FC250 とよぶ．球状黒鉛鋳鉄はねずみ鋳鉄に比べて引張強さや伸びが大きく，JIS では FCD370 ～ FCD800 に分類され，引張強さ $370 \sim 800\,\text{N/mm}^2$ と強度と靱性に優れており，ダクタイル鋳鉄という．図 4.1 は鋳鉄の金属組織写真である．球状黒鉛鋳鉄は，パーライト地にフェライト（白色）で囲まれている．

鋳鉄管の歴史は古いが，現在では強度に優れたダクタイル鋳鉄管が広く使われている．水中における鋳鉄の腐食速度は炭素鋼と大きな差はない．鋳鉄は炭素鋼に比べれば肉厚である分だけ腐食寿命は長い．また，酸性の溶液では黒鉛が有効なカソードとして作用するため，鋼よりも腐食速度は増大する．鋳鉄に特有な黒鉛化腐食を生じることがあり，これはマトリックスの鉄がさびて黒鉛と固着して原型を保っている形態の局部腐食である．

 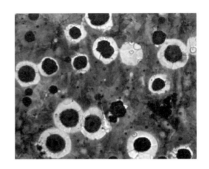

　　　　（a）ねずみ鋳鉄　　　　　　　　　（b）球状黒鉛鋳鉄

図 4.1　鋳鉄の金属組織

4.4　ステンレス鋼

　代表的なステンレス鋼は，18Cr-8Ni-Fe の組成を有する合金鋼である．ステンレス鋼は，金属組織によって，マルテンサイト系，フェライト系，オーステナイト系，オーステナイト・フェライト二相系に大別される．主要なステンレス鋼種の開発・発展経過を図 4.2 にまとめる．ステンレス鋼は，前述したように不動態皮膜によって耐食性を維持している．錆と不動態皮膜とはどう違うのだろうか．ステンレス鋼は金属光沢を呈しているが，表面は数 nm（10^{-9} m）のきわめて薄い酸化膜で覆われている．皮膜の組成は，三価クロムを主体とした含水酸化物 CrOOH からなると考えられている．このような安定な不動態皮膜を形成するには，少なくとも Cr を 11％以上含む必要があり，実用的にはオーステナイト組織である 18Cr-8Ni ステンレス鋼（SUS304）がもっとも代表的な組成である．オーステナイト系ステンレス鋼の溶接に際しては，特定の温度域に熱せられる部位が金属組織の鋭敏化によって粒界腐食感受性が増大することに注意する必要がある．また，溶接の際，不活性ガスによるバックシールドを行わないと酸化スケールが生成され，極表面のクロム Cr が優先的に酸化されて耐食性に有効なクロム濃度を低下させ，腐食感受性が高まることにも注意しなければならない．

　ステンレス鋼に形成される不動態皮膜は，水中でつねに生成と溶解を繰り返して動的にバランスを保っているものと考えられている．不動態の本質は耐食性を左右する重要なテーマであり，多くの研究が行われてきた．不動態皮膜に覆われているステンレス鋼には全面腐食は生じない．しかし，塩化物イオンな

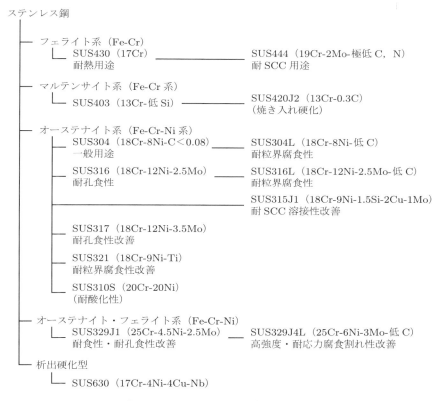

図 4.2　ステンレス鋼の鋼種と開発経過

どの腐食性アニオンと酸化剤としての溶存酸素が共存するか，次亜塩素酸のような強い酸化剤が存在すると，不動態皮膜が破壊されて局部腐食が生じる．

18-8 ステンレス鋼の金属組織は γ 相（オーステナイト）といい，非磁性である．17% Cr などフェライト系のステンレス鋼と容易に区別できる．ただし，強加工するとマルテンサイト変態を起こして金属組織が変化し，磁性を帯びるようになる．

フェライト系ステンレス鋼は 17% Cr 鋼の SUS430 が代表的で，結晶構造は体心立方格子（bcc）を有し，強磁性を示すとともに熱伝導性が良い．フェライト相は炭素 C や窒素 N などの不純物の固溶度が低いため，これらが炭化物や窒化物として析出し，機械的性質とくに延性を劣化させる．これらの炭素や窒素を低下させるか，合金元素を添加して悪影響を取り除く努力がなされてい

るが，VOD 法（真空・酸素脱ガス法）や AOD 法（アルゴン・酸素脱ガス法）により，比較的容易に炭素濃度を低下させることができるようになった．その結果，清浄な低炭素ステンレス鋼の製造が可能になり，さまざまな鋼種の低炭素フェライト系ステンレス鋼が開発された．オーステナイト系の SUS304 鋼組成にモリブデン Mo を 2～3％添加して耐孔食性を高めた SUS316，炭素を 0.03％以下にして金属組織の鋭敏化を抑制した SUS304L，SUS316L は，粒界腐食や応力腐食割れに強い材料である．ステンレス鋼の耐力を高めるとともに耐孔食性を高める窒素は，ニッケル Ni の節約にもつながるので添加されることが多い．

ステンレス鋼はクロム含有量が多いほど耐食性に優れ，クロム Cr を 23～25％含む二相ステンレス鋼 SUS329J4L（25Cr-5.5Ni-2.5Mo-低 C）は高強度で高耐食性のステンレス鋼で，とくに応力腐食割れに強く，粒界腐食にも耐える．このため，化学プラントや海水熱交換器などの高腐食性環境で使われている．

4.5 銅と銅合金

銅は電気化学列において標準水素電位よりも貴（高い）であるから，酸素が存在しなければ酸性であっても腐食することはない．銅は酸素との親和力は弱く，自然銅のほかにマラカイト鉱石（塩基性炭酸銅）から比較的容易に金属銅が得られ，人類がもっとも古くから利用してきた金属である．紀元前 2800 年頃のエジプトでは，すでに銅板を丸めて銅管として使われていた．銅は伝熱特性と耐食性に優れているため，熱交換機の伝熱管としてかけがえのない材料である．管材は給水・給湯管に銅管が用いられている．

銅は通常，Cu^{2+} として溶解するが，塩化物イオンが存在すると Cu^+ として安定に存在できる．銅表面に形成される酸化膜は，酸化銅（I）Cu_2O であり，酸化性が高く，pH が高い場合は黒色の酸化銅（II）CuO が生成される．これらの酸化膜は酸素拡散に対するバリアとなって腐食を抑制するが，ステンレス鋼の不動態皮膜ほど完全ではないので，さらにその上に緑青として塩基性銅塩を生成する．大気や水中で生成する緑青は塩基性硫酸銅［$Cu_4SO_4(OH)_6$］が一般的で，硫酸イオンが少ない場合は塩基性炭酸銅［$Cu_3CO_3(OH)_4$］が生成される．

水道水中の銅の全面腐食速度は，水の pH に依存するが 0.005～0.01 mm/y と低く，優れた耐食性を示す．ただし，水質条件によっては孔食やエロージョ

ン・コロージョンなどの局部腐食が生じる.

海水中における銅の腐食速度は,静止海水では 0.3 mm/y 程度であるが,流速が増すと保護皮膜が容易に破壊され,5 mm/y に達することがある.

銅は大気下で青緑色の緑青を生成し,きれいな古色を呈す.この緑青が耐食性を示すため,古くから銅拭き屋根として使われてきた.

実用黄銅としては,Cu-30% Zn の α 黄銅 (Cu-Zn 合金) と Cu-40% Zn の α + β 二相黄銅がある.一般的に強度と加工性に優れ,切削性を改善した快削黄銅 (C3604) や鍛造用黄銅 (C3771) などがよく用いられる.表 4.1 に主な黄銅材料の化学組成を示す.図 4.3 に α + β 二相黄銅の金属組織写真を示す.黒く見えるのが β 相である.淡水中で,α + β 二相黄銅は,水質や用途によって β 相優先型**脱亜鉛腐食**(dezincification)を生じることがある.水質面では,遊離炭酸が多い微酸性環境でバルブ弁棒などに脱亜鉛腐食がみられる.水道水や飲料水に接する快削黄銅や鍛造用黄銅は,合金中に含まれる鉛の溶出により,鉛の水質基準を超える場合があり,鉛レスや鉛フリーの黄銅が必要とされている.鍛造時には α + β 二相組織であるが,550 ℃ 近辺で焼鈍することによって α 相

表 4.1　主な黄銅の化学組成[wt %]

名称	記号	化学組成[%]					
		Cu	Pb	Fe	Sn	Zn	その他
ネーバル黄銅	C4641	59.0〜62.0	< 0.50	< 0.20	0.50〜1.0	残部	
快削黄銅 2 種	C3604	57.0〜61.0	1.8〜3.7	< 0.50	—	残部	Fe + Sn < 1.2
鍛造用黄銅 2 種	C3771	57.0〜61.0	1.0〜2.5	< 1.0		残部	
耐脱亜鉛黄銅	K 社	62.5	2.2	P 0.09	Ni 0.08	残部	Fe + Sn < 0.3

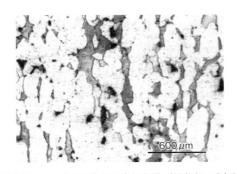

図 4.3　α + β 二相黄銅の金属組織(黒色部:β 相)

単相に近づけて脱亜鉛腐食感受性を低下させた耐脱亜鉛腐食黄銅が開発されている．

アルミニウム黄銅（Cu-22 Zn-2 Al-0.04 As（wt %））は，海水用復水器管材料として，耐エロージョン・コロージョン性，耐脱亜鉛腐食性に優れている．アルミニウム Al の添加は耐食性皮膜の形成に有効である．鉄イオン注入（硫酸第一鉄）を行って防食皮膜を形成する方法と，電解法によって銅イオンを注入する方法がある．

銅とスズの合金で，Cu-Sn-Zn(BC2) 系や Cu-Sn-Zn-Pb(BC6) 系などを総称して，青銅（ブロンズ）という．表 4.2 に主な青銅品の化学組成を示す．青銅鋳物としての用途が一般的で鋳造性が良く，淡水や海水中での耐食性が優れている．青銅の起源は，エジプト，メソポタミヤ，中国など古代文明の遺跡に遡ることができる．用途によってスズ含有量はさまざまである．青銅は，かつてヨーロッパにおいては大砲の筒に用いられたため，砲金（gun metal）ともよばれる．青銅鋳物（表 4.2）は JIS に BC1 から BC7 まで規定されており，Cu-5 Sn-5 Zn-5 Pb（wt %）の組成を有する代表的な銅合金である BC6 が，砲金とよばれるものに相当する．バルブ，コック，水道用金具として古くから長い使用実績がある．リン青銅はバネ性と耐食性に優れている展延材である．青銅の優れた耐食性は，水に対する酸化スズ SnO_2 の溶解度がきわめて低いことによるものと考えられている．

表 4.2 主な青銅品の化学組成 [wt %]

合金名	記号	Cu	Sn	Zn	Pb	Ni	Fe	P
青銅鋳物	BC2	86.0〜90.0	7.0〜9.0	3.5〜5.0	< 1.0	< 1.0	< 0.2	Sb < 0.2
青銅鋳物	BC6	83.0〜87.0	4.0〜6.0	4.0〜6.0	4.0〜6.0	< 1.0	< 0.3	Sb < 0.2
リン青銅	C5111	残部	3.5〜4.5	< 0.20	< 0.05	—	< 0.10	0.03〜0.35
リン青銅	C5210	残部	7.0〜9.0	—	—	—	—	0.03〜0.35

4.6 アルミニウムとその合金

アルミニウムは比重が 2.7 と軽いが，融点が 660 ℃と低く，実用金属の中では強度的に劣る．ただ，軽量で耐食性に優れているので，建築用サッシ，缶材，自動車，鉄道車輌をはじめ各種の日用品に広く使われている．電気化学列にお

表4.3 主なアルミニウム合金の化学組成[wt %]

記号	Si	Fe	Cu	Mn	Mg	Zn	Cr	Ti
A1080	0.15	0.15	0.03	0.02	0.02	0.03	—	0.03
A2017	0.20〜0.80	0.7	3.5〜4.5	0.40〜1.0	0.40〜0.80	0.25	0.10	Zr + Ti < 0.20
A5052	0.25	0.40	0.10	0.10	2.2〜2.8	0.10	0.15〜0.35	—
A6063	0.20〜0.6	0.35	0.10	0.10	0.45〜0.9	0.10	—	0.10

いては電位が低く，イオン化する傾向は大であるが，耐食材料として実用されているのは緻密な酸化膜を形成するためである．酸化膜にはギブサイト（Gibbsite）（$\alpha Al_2O_3 \cdot 3H_2O$），バイヤライト（Bayerite）（$\beta Al_2O_3 \cdot 3H_2O$），ベーマイト（Bohmite）（$\alpha Al_2O_3 \cdot H_2O$）など結晶型の異なるものがある．表4.3に主要なアルミニウム合金の化学組成を示す．アルミニウムの強度を高めるには，合金元素を添加して熱処理によってアルミニウム Al との金属間化合物を生成して析出硬化させる．とくに，Al-Cu 系合金（2000 系）は，結晶粒界に沿って化合物（$CuAl_2$）を析出させ，鋼に匹敵するような高強度が得られ，ジュラルミン 2017 または超ジュラルミン 2024 の名称で古くから知られた合金である．Al-Mn 系，Al-Si 系，Al-Mg 系，Al-Zn-Mg 系など数多くの合金が開発されており，それぞれ特徴に合わせて用いられている．しかし，耐食性の面からみると，純アルミニウムは卑な金属であるため，合金元素が電位的に貴となる場合が多い．したがって，ジュラルミン（Al-Cu-Mg 系合金 A2017）は耐食性が劣る．マグネシウム Mg や亜鉛 Zn を添加した Al-Mg や Al-Zn-Mg 合金（A5052）のものは，マンガン，亜鉛はアルミニウムと電位が類似しているので耐食性が良い．アルミニウム合金の耐食性は酸化膜によって維持されるが，孔食や粒界腐食，応力腐食割れなどの局部腐食を生じることがある．アルミニウム合金では $FeAl_3$ 粒子がカソード，アルミニウムマトリックスの酸化膜の欠陥部がアノードとなって孔食を生じる．負荷応力や加工応力が共存すると，粒界に析出する化合物がアノードやカソードとなって粒界に沿って応力腐食割れ（SCC．3.5節(4)参照）が進行する．軽量・高強度・耐食性を両立させるには，高強度アルミニウム合金を純アルミニウムで被覆したクラッド合金が用いられる．

4.7 チタン合金

　チタン Ti, ニオブ Nb, タンタル Ta はバルブメタルともいい，これらは金属表面に絶縁性の高い厚い酸化膜を形成するので優れた耐食性を示す．コンデンサなどの電子材料や電解用電極材料として使われているが，構造材料としてはチタン以外にはあまり使われていない．このほかジルコニウム Zr, ハフニウム Hf はチタン属で性質が似ており，耐食性に優れている．純ジルコニウムは燃料再処理施設の溶解槽用の材料とし，またジルコニウム合金の一つであるジルカロイは優れた耐食性を示すことから，核燃料被覆管として原子力発電プラントで用いられている．

　チタンの密度は $4.54\,\mathrm{g/cm^3}$ で軽金属の部類に入るが，アルミニウムに比べて比強度（軽くて強い）に優れているので，かつては航空機材料など軍事用としての用途が多かった．耐食材料として優れていることはよく知られていたが，高価であること，加工性が悪く溶接が難しいなどの難点があり，当時は民生用として広く普及するには至らなかった．しかし，海水に対する耐食性に優れていたため，現在では商業用純チタンが広く使われている．強度を高めた Ti-6Al-4V 合金，チタンに貴金属を加えて耐食性をさらに高めた Ti-0.15Pd 合金がある．最近では，アルミニウム黄銅に替わって海水用熱交換器（コンデンサ）や化学プラントなど腐食性の厳しい環境でチタンが広く使われるようになっている．

　チタンは電気化学列において卑な電位に位置し，イオン化傾向が大で，理論的には溶解しやすい金属の部類に入るが，耐食材料として優れた特性を示すのは強固な酸化チタン TiO_2 の皮膜が形成されるためである．ステンレス鋼の場合と同様に，酸化チタン皮膜が不安定になると局部腐食を引き起こす．チタンは耐食材料の中でも最上位に位置し，高級ステンレス鋼でも耐食性が維持できないような酸化性の強い環境で強みを発揮する．硝酸のような酸化性の酸や，海水環境で強いが，非酸化性の酸や高温のアルカリ性環境では弱い．また，高温塩化物水溶液環境ではすき間腐食を引き起こす場合がある．チタンは水素を吸収するとチタン水素化物を生成して脆化するので，電気防食でカソードにならないようにする注意が必要である．不溶性アノードのような電極の基板として用いるときは，貴金属を被覆することによって貴金属部に電流が流れ，それ以外はチタンが絶縁性を示すので電解用極板としては都合がよい．

防食技術の考え方

　腐食を抑制するための技術が防食技術であり，防錆技術ともよばれる．腐食反応を抑制する主な方法としては，塗膜により環境から遮断する方法，より耐食性の優れた金属をめっきする方法，ステンレス鋼のように不動態皮膜を形成する方法，腐食性環境に微量の薬剤を注入することによって腐食を抑制する方法，電流を印加して腐食を抑制するカソード防食などさまざまな方法がある．本章では，これらの防食技術の基本的な考え方と防食原理を説明する．

5.1 腐食防止の基本的概念

　水中の鉄の腐食反応は，次式の電気化学反応として表すことができる．

$$アノード反応：Fe \longrightarrow Fe^{2+} + 2e^-$$

$$カソード反応：\frac{1}{2} O_2 + H_2O + 2e^- \longrightarrow 2OH^-$$

腐食を防止するには，アノード反応かカソード反応のいずれかを阻止すればよい．ステンレス鋼は，不動態皮膜を形成することによって，鉄のイオン化反応を阻止している．このように，水中の酸素を除去するか，水分を除去すれば，酸素の還元反応が起こらないので，鉄のアノード反応を阻止でき，腐食は防止することができる．図5.1に金属に対する実用的な防食法の分類を示す．被覆防食は，酸素の拡散を抑制し，カソード反応を阻止することをねらっている．カソード防食（電気防食）とは，Feの電位を平衡電位以下にもたらすことによって，鉄のアノード反応を阻止する．十分な電解質が存在しない大気下ではカソード防食は通常，適用できない．カソード防食は導電性に優れた海水中でもっとも有効であり，土中の鋼構造物に対しても適用でき，コンクリート中の鉄筋に対しても適用されている．耐食材料としての銅と銅合金は，腐食生成物として酸化銅（Ⅰ）Cu_2Oを生成し，それがカソード反応を抑制することにより銅のアノード溶解も阻止される．一方，ステンレス鋼は不動態皮膜がアノード

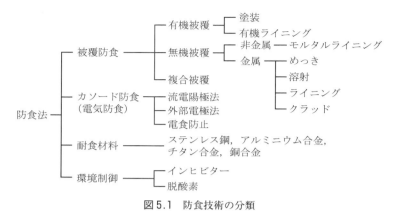

図 5.1　防食技術の分類

反応を抑制するタイプの耐食材料である．環境制御の方法の一つであるインヒビター（防錆剤）には，アノード反応抑制型とカソード反応抑制型とがある．

5.2　塗料と塗装

(1) 環境対応

　鉄鋼を腐食から守るために，環境と遮断する塗装はもっとも基本的な防食技術である．近年，塗装分野においては，環境問題の高まりから揮発性有機化合物（volatile organic compound：VOC）の削減が大きな課題となっている．VOC 全排出量の 56％ が塗料によるものとされている．塗装は顔料，樹脂，添加剤および溶剤を混和してできた塗料を鋼材に適用するが，そのうち 30〜40％ を占める溶剤は塗装時に大気に飛散・蒸発する．そこで溶剤の少ない低溶剤型，水性塗料，オキシダントになりにくい弱溶剤型塗料が求められている．環境負荷低減の観点からは，従来の鉛・クロム防錆顔料と同じ耐食性能を示す鉛・クロムフリーの防錆顔料が求められている．

　船舶分野では，船底に貝類などの海棲生物が付着すると航走性能が劣化し，燃費が悪くなるため，その防止のための塗装を行うなど，塗装が重要な役割を担っている．かつては，有機スズ化合物（トリブチルティン）の入った塗料が塗布されていたが，これについても環境問題の点から，国際海事機構（IMO）によって 2008 年に全面的に使用が禁止された．現在では毒性が弱いとされる酸化銅（I）が使用されている．このほかにも，自己研磨型塗膜を形成させるた

めの塗料の開発が進んでいる．

(2) 重防食塗装

塗装については，その成分だけでなく，方法についても改良が進んでいる．重防食塗装は，油井塗装系を主体とする一般塗装系にジンクリッチペイントや合成樹脂塗料を加え，約25年の耐久性を目指して開発された方法である．耐久性のある重防食塗装を適用すれば，塗り替えるまでの期間を長くすることができるので，塗装工程における錆除去に伴う粉塵やVOCなどによる環境汚染を軽減できる．

重防食塗装の場合も下地処理を十分行うことが重要であるのは通常の塗装と同じである．図5.2に重防食塗装の塗膜断面の模式図を示す．鋼材の防食を目的とする塗装の手順は，サンドブラストによる素地調整を行った後，1層目には無機ジンクリッチペイントを施す．亜鉛の犠牲陽極作用（5.3節参照）を生かすためには素地に接して塗装する．この上にミストコートを行ってから，エポキシ樹脂とアミン系硬化剤とによるエポキシ樹脂塗料を2層に厚く塗装し，環境遮断効果を高める．エポキシ樹脂塗料は紫外線に弱いので，さらに上塗りに耐候性に優れたポリウレタン樹脂塗料かフッ素樹脂塗料を塗装する．このようにして5層や6層の塗装が行われる．海水飛沫帯のように腐食性が厳しい条件では，ジンクリッチペイントの上に，2000 μm以上にも及ぶ超厚膜形エポキシ樹脂塗料を塗装する．

最近では，海水飛沫帯のとくに腐食性の強いところには，重防食（塗覆装）が行われるようになっている．鋼管杭や鋼矢板などは工場で被覆が行われる．素地調製を行った鋼材に表面処理層とポリエチレン接着層の塗装を行った後，

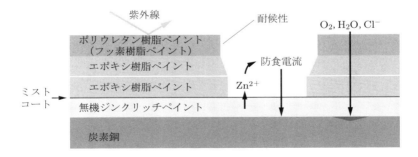

図5.2　重防食塗膜の断面

2 mm 程度のポリエチレン被覆層を形成させる．ポリエチレンは鋼との接着性が悪いが，このような厚い塗覆装は表面が損傷を受けにくい利点がある．形状の複雑なものはウレタンエラストマーが被覆される．

　飛沫帯，干満帯などとくに腐食性の厳しい環境で，なおかつカソード防食の効果が及ばない鋼構造物の部位に対しては，種々の被覆防食法が開発されている．長大橋や海上空港などに対しては，長寿命の防食対策が必要になっている．ポリエチレン被覆鋼管杭，鋼矢板，ポリウレタン樹脂被覆，ペトロラタム系防食テープに FRP 保護カバー型枠をとりつけるなどした厚膜の有機被覆は，優れた防食性能を有するほか，耐食金属ライニング，とくにステンレス鋼やチタンライニングなども採用されている．

　海洋鋼構造物に対しては，海面下に没する部位は塗装を施したうえでカソード防食を適用する．塗装欠陥に対してはカソード防食を適用することによって，裸鋼板の場合より防食電流を低減することができ，腐食が防止できる．ただし，塗装鋼板にカソード電流を適用することによって水酸化物イオン OH^- を生成し，アルカリ性になるため，アルカリに強い塗料を選定する必要がある．

　ステンレス鋼は不動態皮膜によって腐食を防ぐ金属であるから，本来は塗装する必要はないが，炭素鋼と接触した状態で炭素鋼に塗装を施すと，ステンレス鋼がカソードとしてはたらき，炭素鋼の塗膜の欠陥に腐食電流が集中して炭素鋼を腐食させる．このとき，ステンレス鋼にも塗装を施して，カソード面積を低減すれば異種金属接触腐食は回避できる．

5.3　カソード防食（電気防食）

(1) カソード防食とは

　被防食体に直流を印加して腐食を防止する方法を**電気防食**という．電気防食には**カソード防食**（cathodic protection）とアノード防食があるが，アノード防食は被防食体にアノード電流を印加して活性腐食を不動態に変えることができれば有効であるが，ほとんど実用されていないため，通常，電気防食といえばカソード防食法を指す．カソード防食は図 5.3 に示すように，流電陽極法と外部電源法に大別される．土中埋設されたパイプラインの場合，**流電陽極法**（**犠牲陽極法**ともいう）ではマグネシウムアノードをパイプラインに接続し，マグネシウム合金の溶解によって発生する電流を防食に利用する．**外部電源法**

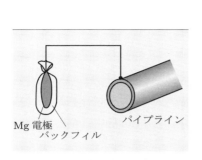
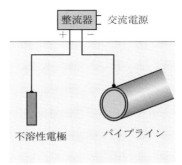

（a）流電陽極法(犠牲陽極法)　　　　（b）外部電源法

図5.3　カソード防食

では不溶性のアノードを対極として直流電源から所要の防食電流を供給する．図5.4はカソード防食に対する分極の模式図を示す．炭素鋼の自然腐食における腐食電位 E_{corr} は，酸素電極の電位 E_C^0 と鉄電極 E_{Fe}^0 の平衡電位からの分極曲線の交差する点，すなわち混成電位であり，被防食体の電位を鉄の平衡電位にまで低下させる（$E_{corr} \longrightarrow E_{Fe}^0$）ことによって完全防食が達成される．図から腐食電位における炭素鋼の腐食速度は腐食電流 I_{corr} であり，腐食電位から鉄の平衡電位に向かうにつれて，腐食速度は a-b-c 線に向かって減少し，E_{Fe}^0 で完全防食が達成されることになる．しかし，実用的には防食電流 I_{pro} と腐食度の関係を求めたうえで，経済性を考慮して防食条件が決定されている．流電陽極法は，流電アノードの溶解に伴って発生する電流を利用する防食法である．

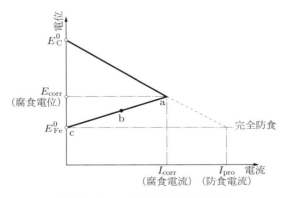

図5.4　カソード防食の分極の模式図

流電陽極を被防食体である鉄鋼構造物に接続してカソード（陰極）に保持する方法で，施工が簡単である．

(2) 電極材料

流電陽極としてはアルミニウム合金，亜鉛合金，マグネシウム合金があり，それぞれ種々の合金元素を添加し，発生電気量，均一溶解性を高めた陽極が開発されている．直流電源が得にくい場所での防食に有利で，維持管理も比較的簡単である．表5.1に主な流電陽極材料の性能を比較して示す．アルミニウム合金は Al^{3+} として三価で溶解するので，単位質量あたりの発生電気量が大きく，船舶をはじめ海水環境で使われている．マグネシウム合金は自己腐食が大で，防食電流として利用されることなく溶解する割合が高い．したがって，電流効率は低いが，有効電位差が大きいので，土中や淡水のように比抵抗の高い環境での使用に有利である．土壌中の埋設配管に使用する場合は，アノードの接地抵抗を低くし，不均質な土壌環境で電流分布をよくするため，アノードは**バックフィル**（ベントナイト，石膏，忙硝を混ぜ合わせたものを多孔性の袋に入れる）とよばれる充填材に包んで埋設する．亜鉛合金アノードは均一溶解性がよく海水を使用する機器に使われる．

表5.1 流電陽極性能

流電陽極	理論発生電気量 [A·h/kg]	電流効率 [%]	電極消耗量 [kg/A·y]	有効電位差 [V]	用途
アルミニウム合金	2890	90	3.8	0.25	海水
亜鉛合金	820	95	11.4	0.2	海水
マグネシウム合金	2200	50	7.9	0.7	土中，淡水

流電陽極法は，船舶では船底外板・推進器，タンカーや鉱石船のバラストタンク，海水ポンプなどに，港湾施設では鋼管杭，鋼矢板岸壁，水門扉・桟橋などの防食に適用されている．一方，各種土中埋設パイプラインでは発生電圧が高いマグネシウム合金が用いられ，ガス・水道・電力などの埋設配管外面，タンク貯槽の底板，油井管，各種建造物基礎鋼杭などに適用されている．

船体外板やパイプラインでは，防食電流が少なくなるように，塗装や塗覆装を施した上にカソード防食を施し，塗膜欠陥部からの腐食を防止する考え方が

とられている．海水中で鉄鋼構造物にカソード防食を施すと，界面の pH が上昇する．それによって鋼板表面に炭酸カルシウムと水酸化マグネシウムが析出して表面を被覆するので，防食所要電流が少なくてすむ．これを**エレクトロコーティング**という．

外部電源法は，白金 Pt のような不溶性のアノードを用いる．安価で電導性がよく難溶性の電極が必要となる．経済性などを考慮して用途に応じてシリコン鋳鉄（Fe-14.5% Si），フェライト電極，MMO 電極（金属酸化物），白金めっきチタン電極などが用いられる．MMO 電極はチタン基板にルテニウム Ru，パラジウム Pd，イリジウム Ir などの貴金属塩溶液を塗布して焼き付けたもので，RuO_2-TiO_2-Ti や IrO_2-TiO_2-Ti 複合電極として高いアノード電流密度で通電しても不溶性の優れた耐久性を示す．

表 5.2 に主な不溶性ないし難溶性電極の性能と用途を示す．外部電源法は維持電力が必要であるが，流電陽極法に比べて高い電圧が印加できるので，抵抗率の高い場合に防食電流を流しやすい．

表5.2 不溶性電極の性能

電極	成分 [wt %]	消耗度 [kg/A・y]	実用電流密度 [A/dm^2]	用途
高けいそ鋳鉄	Fe-14.5Si-4.5Cr	0.1〜1.0	0.05〜0.8	水中，土中
フェライト	Fe_3O_4	0.0004〜0.02	1〜10	海水，淡水
白金チタン	Pt-Ti	〜10^{-6}	1〜10	淡水
金属酸化物 （MMO）	Ir, Ru-(Ti, Ta) oxide	< 10^{-6}	1〜6	水中，土中，海水

(3) ステンレス鋼の局部腐食と電食防止

ステンレス鋼（オーステナイト系）に対するカソード防食の適用は，炭素鋼に対する場合と異なり，すき間腐食や孔食などの局部腐食を防止することを目的とし，ステンレス鋼の電位を卑に保つ．耐食性はあくまで不動態皮膜に期待したもので，従来の炭素鋼材に対するカソード防食の概念とは異なる．一般に，ステンレス鋼は局部腐食の発生に対して，孔食電位やすき間腐食発生電位など特定の電位を有し，その臨界電位を超えると局部腐食が発生する．したがって，この臨界電位を下回るように電位を低下させる．一方，フェライト系ステンレ

ス鋼はカソード分極すると，水素発生と同時に原子状水素を鋼中に取り込み，水素脆性を生じる可能性があるので，カソード防食を適用すべきではない．

電鉄や電気設備などからの漏洩電流に起因する迷走電流腐食（3.4 節 (2) 参照）の対策も，カソード防食の守備範囲である．迷走電流腐食は電鉄レールから漏れ出た直流電流が埋設配管に流入し，変電所近くで埋設配管から環境に流れ出る部分に激しい腐食が生じる現象である．そのため，レールと埋設配管の間にダイオードを介して導線で結び，土中に電流が流れ出さないようにする選択排流方式，外部電源法のカソード防食と組み合わせた強制排流方式などの対策がある．

5.4 インヒビター（防錆剤）の機能と作用

腐食性環境に微量の薬剤を添加することによって，金属の腐食を抑制する作用を有するものを**インヒビター**または**防錆剤**という．微量の薬剤注入で腐食防止効果が大きいので魅力的な対策であるが，今日，排水基準，環境基準も厳しくなり，薬剤を多く含んだ用水は安易に排水できなくなっている．環境問題への取り組みは，ヨーロッパの先進諸国において進んでおり，環境負荷に影響を与える物質の河川，海への放出は厳しく制限されている．インヒビターの使用も例外ではなく，使用量の低減や環境に調和したインヒビターの開発が必要になっている．表 5.3 は各種インヒビターの種類と機能を示す．

微量の薬剤の添加によって大きな防食効果が得られるのが，優れたインヒビターである．不動態型インヒビターは，微量の酸化剤を注入することによって不動態皮膜を形成するタイプで，クロメート（クロム酸塩），亜硝酸塩，モリブデン酸塩などがある．亜硝酸塩は腐食生成物が残っていても不動態化機能を有する酸化剤である．モリブデン酸塩はクロム酸塩や亜硝酸塩と異なり，溶存酸素の力を借りて鉄に不動態皮膜を形成して腐食を防止する作用を有する．不動態型インヒビターは塩化物イオンが共存すると，不動態皮膜を破壊し，かえって孔食を助長する場合があるので「危険なインヒビター」とよばれる．塩化物イオン濃度や酸化剤の濃度に応じた適切な濃度管理が必要になる．

一方，カソードインヒビターはカソードで生成した OH^- と反応して沈殿皮膜を形成することによって腐食を防止する．リン酸塩が脱水縮合してできたポリリン酸塩は，水中の Ca，Mg，Fe イオンと結合して＋電荷の錯イオンを生成

5.4 インヒビター（防錆剤）の機能と作用

表5.3 インヒビターの種類と機能

インヒビター分類	インヒビター名	機能	用途
不動態型インヒビター	クロメート，亜硝酸塩，モリブデン酸塩など	アノードに作用して腐食を抑制する．不動態化インヒビター．	淡水（冷温水系配管）
カソードインヒビター	リン酸塩	カソードに作用して腐食を抑制する．	給水，冷却水配管
吸着型インヒビター	アミン系インヒビター，オクタデシルアミン	金属表面に化学吸着する．	鋼材の酸洗い，還水管の炭酸腐食防止
	ジシクロヘキシルアミン	揮発性．化学吸着する．	密閉容器の製品保存，気化性防錆剤（VCI），一次防錆
中和型インヒビター	揮発性アミン	酸を中和して腐食を抑制する．	蒸気還り管の炭酸腐食防止
沈殿皮膜型インヒビター	ベンゾトリアゾール（BTA）	金属と反応して保護皮膜を形成する．	銅と銅合金の腐食や変色防止
脱酸素型インヒビター	ヒドラジン（N_2H_4），亜硫酸塩（Na_2SO_3）	溶液中の酸素と反応して脱酸素する．	小型低圧ボイラ，小型貫流ボイラ

して，金属表面のカソード面に吸着して保護皮膜となる．銅に対するインヒビターであるベンゾトリアゾール（Benzotriazole：BTA）はCuBTA皮膜（厚さ100〜200 nm）を形成して，銅表面を被覆する．

吸着型インヒビターは金属表面に単分子層の吸着層を形成するもので，鋼材のミルスケールの除去や，配管内面に生じた錆こぶなどを酸洗いで除去する際にしばしば行われ，その際，地金が腐食しないように，インヒビターが添加される．金属と電子の授受によって安定な吸着が行われる化学吸着型が重要で，有機化合物に多い．その代表的なものがアミン類（RNH_2, R_2NH, R_3N）で，非共有電子対が金属と強く結合する．インヒビターは鉄素地に吸着して水素発生反応を抑制することによって腐食を防止する．

気化性防錆剤（volatile corrosion inhibitor：VCI）は，密閉容器内の製品の腐食を防止する．気化性防錆剤を含浸させた防錆紙も一種の吸着型インヒビターで，ジシクロヘキシルアミンの亜硝酸塩がよく知られている．揮発した分子が鉄に吸着して腐食を防止している．一次防錆として使われ，そのままの状態で次工程の処理が行われる．

5.5 溶存酸素の除去による防食

水中の鉄の腐食は溶存酸素によるものであるから，溶存酸素を除去することにより腐食を防止することができる．水中溶存酸素濃度はヘンリーの法則に支配され，気相の酸素分圧が高いほど，また温度が低いほど溶存酸素濃度は高くなる．20℃の水中の飽和溶存酸素濃度はほぼ 8.84 mg/L である．溶存酸素を完全に除去すれば，事実上，腐食しなくなる．高圧ボイラ，原子力発電プラント冷却水では炭素鋼の腐食を防止するため，ppb レベルまで徹底した脱酸素が行われている．通常は酸素濃度を下げる脱気塔方式で処理し，後は脱酸素剤により化学的に取り除く．表 5.4 に各種脱酸素法を示す．

表5.4 脱酸素法の種類と脱酸素機構

脱酸素法	脱酸素機構	特徴
真空脱気	気相雰囲気を真空にし，水中気体の溶解度を低下させる．	装置塔に高さが必要であり，真空系から水を引き出すポンプが必要である．
加熱脱気	水の沸点で溶存気体の溶解度が 0 になることを利用する．	熱源が必要である．低圧ボイラに適用できる．
膜式脱気	中空糸膜を用いて気液界面を大にし，水中酸素を真空側へ引く．	装置がコンパクトである．常温の水に対して脱気効率が良い．
脱酸素剤の注入	ヒドラジン，亜硫酸塩により化学反応で溶存酸素を除去する．	ヒドラジンは毒性があり，使用に制限がある．
不活性ガスによる置換	高純度窒素やアルゴンガスで酸素を置換・除去する．	バッチ式（非連続）．

化学的な方法で溶存酸素を除去するには，脱酸素剤として亜硫酸ナトリウム Na_2SO_3，ヒドラジン N_2H_4 を用いて，つぎの反応により溶存酸素を除去する．

$$2Na_2SO_3 + O_2 \longrightarrow 2Na_2SO_4$$
$$N_2H_4 + O_2 \longrightarrow 2H_2O + N_2$$

前者は脱酸素効率がやや劣るが毒性がないので，食品関係や生蒸気を使う環境で適用される．後者は脱酸素能が優れ，ボイラーには古くから広く用いられているが，発がん性が指摘されて使用が難しくなっており，代替インヒビターの開発が望まれている．

水素ガスと結合させて除去したり，還元剤の存在下で脱酸素樹脂を通すことによって酸素を除去したりすることもできる．腐食反応を利用して酸素を錆と

して固定，濾過して取り除くことは原理的に可能であり，鉄スクラップを用いて実用されたこともある．機械的な脱気法としてはエゼクターや真空ポンプで減圧した容器内で，水を噴霧させることにより溶存酸素を低下させる方法がある．蒸気が容易に得られるボイラーでは，加熱によって酸素の溶解度が減少する（ダルトンの法則（2.8節参照））ことを利用して加熱脱気装置（ディアレーター：deaerator）として用いられている．

窒素発生装置を用いて比較的容易に純度の高い窒素ガスが得られるようになり，それを応用して窒素ガスで溶存酸素を置換する装置が開発され，蓄熱水槽の脱気防食に適用されている．

近年，優れた性能の気体分離膜が開発され，それを応用した膜式脱気装置が開発され，小型低圧ボイラの給水の脱酸素に利用されている．この方法は，ポリオレフィン系樹脂の高い気体透過性を有する中空糸を用いて，水が中空糸モジュールを通過する間に，水中の溶存酸素濃度を 0.5 mg/L（25℃）程度まで除去する方法である．酸素（窒素）のみを除去し，水質に変化がないので，飲料水として安全であり，環境問題に配慮した方法である．水中の酸素濃度が低いほど炭素鋼の腐食量は減少し，酸素がなければ実質的に腐食は生じない．脱気装置が稼働し，配管内が脱気水で満たされると，配管の腐食は止まる．ただし，この方法で，すでに配管内に生成している錆を除去することはできない．

5.6 防食設計

装置や構造物の設計にあたっては，性能，構造，材料，経済性などを考慮するが，腐食も考慮する必要がある．異種金属の接続にあたっては，材料の組み合わせに問題はないか，絶縁は確実か，アノードに対するカソード面積は十分小さいか，などの注意が必要である．

すき間構造は汚れの残存により局部腐食を招く恐れがあり，とくにステンレス鋼ではすき間腐食が生じやすい．タンクなどの鋭角な隅部も一種のすき間構造である．フランジ接合におけるガスケットのはみ出しもすき間構造を形成する．

ドレンの水抜きは確実にできるか，勾配が取られているかも見極める必要がある．圧力検査による残留水が MIC（3.4節(6)参照）発生の引き金になる事例が多い．配管の鋭角な曲がりは流体の高流速によるエロージョン・コロージ

ョンを引き起こす原因になる．溶接部は凹凸が汚れの滞留を招き，塗膜が薄くなりがちなため，炭素鋼の腐食は溶接部が起点となることが多い．ステンレス鋼の溶接はとくに重要で，金属組織の鋭敏化を招き，局部腐食の原因となる．また，バックシールドが不十分な場合，酸化スケールが局部腐食に発展する可能性があるので，バックシールドはできる限り完全な工場溶接で行うのがよい．

第6章 事例

炭素鋼・鋳鉄
　　　事例　1〜31　（p. 64〜139）
ステンレス鋼
　　　事例　32〜41　（p. 140〜169）
非鉄・樹脂
　　　事例　42〜55　（p. 170〜205）
水質・環境
　　　事例　56〜60　（p. 206〜219）
電　食
　　　事例　61〜64　（p. 220〜228）

事例 1 淡水中における炭素鋼管の腐食

材料：炭素鋼管

炭素鋼は，通常，淡水中では塗装やめっきなど何らかの防食被覆を行わなければ，腐食発生を避けることはできない．ただし，建物内消火配管，蒸気配管，ボイラ還水管には，防食被覆することなく，配管用炭素鋼鋼管（黒）が使用される．それは，建物内消火配管の場合は長期間にわたって水の入れ替わりがなく，初期に溶存している酸素は腐食反応によって消費され，蒸気配管やボイラ還水管の場合は実質的に溶存酸素が少ないからである．しかし，稼働停止時に空気が混入すると腐食が進行する．

上記の場合以外にも材料選定は耐用年数や経済性とも関係し，経済性が重視されるプラント材料では黒管が広く用いられる．水処理を前提とした冷却水配管では，配管用炭素鋼鋼管（白）は亜鉛めっき層からの亜鉛イオンの溶出によるスラッジが生じやすく，黒管のほうが水処理をしやすいとする考え方もある．白管内面の亜鉛めっき層の厚さは薄く（< 50 μm），一時防錆の役割を果たすと考えられている．それは，薄い亜鉛めっき層は早晩，消失してしまうためである．1997 年の JIS 改正では，配管用炭素鋼鋼管（白）は水道用から除外され，水配管用亜鉛めっき鋼管（亜鉛目付量 600 g/m^2）が規定された．一方，アルカリ性環境では，炭素鋼は不動態化により腐食を抑制できる．たとえば，炭素鋼製である小型低圧ボイラの缶体は，炭酸水素イオンが高温水中で分解し，炭酸イオン CO_3^{2-} となるため，ボイラ水の pH は 11.5～12.5 にまで上昇し，腐食は抑制される．

通常，淡水中の炭素鋼管の平均腐食速度は，ほぼ 0.1 mm/y 以下であり，全面腐食であれば十分な腐食寿命がある．腐れしろ（原則的に全面腐食における強度上必要な肉厚と腐食による損傷を見込んだ肉厚）は，設計にあたって全面腐食を仮定して考慮されたものである．淡水中の炭素鋼管の腐食は pH，流速，溶存酸素濃度に依存し，中性域でも pH が低めの場合は錆が柔らかく崩壊しやすいために赤水を生じやすいが，pH が高くなると錆は固着性となり，錆こぶ状となって成長しやすい（図 6.1）．pH > 7 で，流速が速いか溶存酸素濃度が高いと不動態化する傾向がある．

このように，淡水中の炭素鋼の腐食は，水中の溶存酸素が原因である．

図6.1　冷温水配管内面の錆こぶ

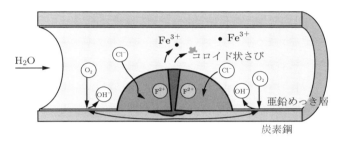

図6.2　錆こぶの成長のしくみ

　配管における腐食形態の一つは錆こぶ腐食である．錆こぶは，錆こぶ下をアノード，錆こぶ周囲をカソードとする電池作用によって成長する．図6.2に錆こぶの成長のしくみを示す．鉄が溶出するアノード域は周囲が錆で覆われ，閉塞した中で溶出する鉄イオンは加水分解により局部的に酸性化するので，アノード部は活性が維持される．ピットの周囲は酸素が十分供給されるので，カソードとしてはたらき，溶存酸素が還元されてOH^-を生成し，pHは上昇するので不動態化する．このようにして，ピット内とその周囲との間にマクロセル（ミクロセルと比べてアノードとカソードが乖離している）が形成される．

　錆こぶは赤錆（オキシ水酸化鉄 FeOOH）でできているが，内部は空隙ができて嫌気性（酸素が欠乏している）になるため，赤錆が還元されて黒色のマグネタイト Fe_3O_4 が生成される．錆こぶ内部は外部と錆層で隔離されて酸素不足（嫌気性）に陥いる．その結果，錆こぶ内部には嫌気性の硫酸塩還元菌（SRB，3.4節(6)参照）が棲息し，微生物の作用によって錆こぶ腐食が進行するとする考え方もある．

[対策]

- 遊離炭酸を多く含む比較的 pH が低い場合（<6.5）は，錆が水中に遊離して赤水の原因になるが，錆こぶにはなりにくい．これをふまえて，アルカリ剤を投入して pH が低くならにようにする．
- 小型低圧ボイラの場合は，加熱脱気装置（ディアレーター）や脱酸素装置を使って給水中の溶存酸素を，またはヒドラジン（脱酸素剤）を用いて化学的に溶存酸素を除去する（5.5 節参照）．
- 炭素鋼は，水中の溶存酸素濃度が低いほど腐食を抑制できる．
- 赤水や錆こぶの形成が望ましくない場合は，樹脂管・硬質塩化ビニルライニング鋼管・ポリエチレン粉体ライニング鋼管を使用する．給湯配管では，銅管・ステンレス鋼管の使用（変更）が対策になる．
- 給湯系ではカソード防食（5.3 節参照）を適用することもあるが，淡水は海水のように電気伝導率が高くないので，淡水環境では効率的ではない．

事例 2　淡水中における亜鉛めっき鋼管の腐食

材料：亜鉛めっき鋼管

　溶融亜鉛めっき鋼管は，かつて給水配管に使われていたこともあるが，亜鉛めっき層が腐食により早期に消失し，時間とともに赤水が発生したり錆こぶが形成されされたりするため，現在では給水配管用にはほとんど使われていない．

　溶融亜鉛めっき鋼管は，炭素鋼管を 450 ℃の亜鉛浴に浸漬し，炭素鋼上に亜鉛めっき層を形成したものであり，素地の鉄と亜鉛の合金層を形成するので，めっき後の加工は困難である．水配管用亜鉛めっき鋼管（JIS G 3442）は，亜鉛層の厚さがほほ 0.085 mm（600 g/m^2）である．一方，配管用炭素鋼鋼管（JIS G 3452）の溶融亜鉛めっきを施した白管は，亜鉛層の厚さが規定されておらず，通常はおよそ 450 g/m^2 以下と薄い．

　水配管用亜鉛めっき鋼管は，配管用炭素鋼管（白）よりも亜鉛めっき層が厚いだけ耐食性は優るが，水道水中では，早晩，亜鉛層は消失するので耐食管とはいえない．亜鉛層は，亜鉛が溶解することによって鉄を腐食から守る，いわば亜鉛の犠牲陽極作用によって防食する．一方，炭酸水素イオンやイオン状シリカの濃度が高い水質の場合は，塩基性炭酸亜鉛 $Zn_5(CO_3)_2(OH)_6$ やケイ酸亜

鉛 Zn_2SiO_2 などの表面皮膜が形成され，これらの溶解度が低いことにより防食される．純水中では水酸化亜鉛 $Zn(OH)_2$ の溶解度はやや高いが，ケイ酸亜鉛や塩基性炭酸亜鉛，とくに前者を生成する場合には溶解度が低く，耐食性を示す．

中性域における亜鉛めっき鋼管の腐食速度と pH の関係を図 6.3 に示す．pH 7.0 を切る低 pH 域では腐食速度が著しく増大する．図 6.4 は，東京，名古屋，大阪の浄水場において実施した水配管用亜鉛めっき鋼管（旧水道用亜鉛めっき鋼管 JIS G 3442）の通水腐食試験（1978）の結果である[1]．砧下，豊野浄水場は pH が低く，亜鉛の標準付着量とされる $600\,g/m^2$ を 12 ヶ月以内に上回り，赤錆の斑点が観察された．それに対して境浄水場では pH 7 を超え，腐食減量が少ない．このように，pH が低い水の場合，亜鉛めっき鋼管は早期に亜鉛層が消失する．pH 低下の原因は，地下水や伏流水を水源とする水道水にある．

給水配管や工業用水配管の竣工直後の白水現象，冷温水配管にみられるケイ酸亜鉛のスラッジ生成は，亜鉛めっき鋼管の初期の著しい腐食が原因である．

亜鉛めっき鋼管の腐食は水中の溶存酸素や溶存塩類にも起因するが，水の pH にも依存する．pH が低いほど腐食は著しい．亜鉛めっき最外層は純亜鉛の η 層からなっており，母材の鋼との間の内層には δ_1 層，ついで ζ 層などの Zn-Fe 合金層が存在する．この合金層の耐食性は，純亜鉛層より優れていることが知られている．したがって，溶融亜鉛めっき鋼管の腐食速度は通水初期の η 層で高く，合金層の出現とともに低下する傾向がある．純亜鉛の η 層が存在し

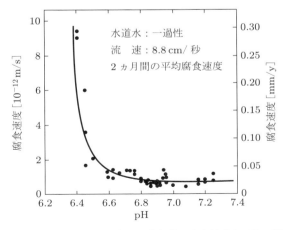

図 6.3　中性域における亜鉛めっき鋼管の腐食速度と pH の関係

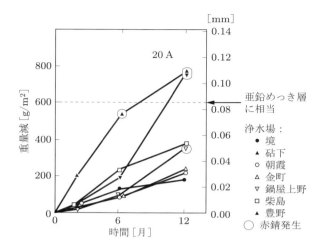

図 6.4　浄水場における亜鉛めっき鋼管の通水腐食試験の結果

ている限り，電位は低く，犠牲陽極作用（5.3節参照）が強い．つまり，亜鉛の溶解によって素地の鉄の腐食が抑制される．合金層に移行するに伴って電位は高くなるが，耐食性は維持される．

[対策]

- 亜鉛めっき鋼管は硬水に適した給水管材料であるが，軟水が一般的な日本では早期に亜鉛層が溶失して赤水障害につながるため，給水管としては樹脂ライニング鋼管，銅管，ステンレス鋼管に変更するのが望ましい．
- かつて高度経済成長期には水質汚濁の状態にあった東京都水は，河川水の水質が回復し，現在ではほぼ pH 7.5 に調整されているため，腐食問題は起こりにくい．ただし，地下水や伏流水などは pH が低いため，その場合は曝気やアルカリ剤の添加により，pH 7 以上に保つ必要がある．
- イオン状シリカ濃度が高い淡水では，ケイ酸亜鉛 Zn_2SiO_2 の沈殿皮膜が形成されるので耐食性を示す．
- 空調用の冷温水配管やクーリングタワー方式の冷却水配管は，pH 7.5～8.0 の範囲に保たれ，長期間使用した後でもなお十分な亜鉛層が残存する．

参考文献
1)　小玉俊明，藤井哲雄，馬場晴雄：防食技術，vol. 30, p. 462, 1980.

事例 3　赤水障害と炭素鋼管の腐食

材料：炭素鋼，鋳鉄

　給水・給湯配管として長い間使われてきた水道用亜鉛めっき鋼管（水配管用亜鉛めっき鋼管）JIS G 3442 は，亜鉛層が早期に消失し，素地の鋼の腐食が始まると，錆こぶの成長とともに水中の鉄濃度も増大し，次第に水が赤褐色に着色する赤水が起こる．かつては，夜間などに長時間水が管内に停滞し，鉄管内面が腐食して鉄イオン濃度が高まることにより，オフィスビルなどでは休日明けに赤水が発生することが一般的であった．全国的に軟水である日本は，ヨーロッパや大陸地帯の硬水に比べて赤水障害が多い．赤水発生時期には亜鉛めっき層の耐久性が関係しており，耐久性は pH，流速，間欠通水などに左右され，なかでも pH の影響が大きい．遊離炭酸を多く含み，pH の低い伏流水や地下水を水源とする地域など，pH が低めの場合には，腐食により早期に亜鉛層が消失する．赤水は水道配管のみならず，ボイラ給水，空調配管など炭素鋼管・鋳鉄管を用いる配管の腐食状況を判定する目安となる．赤水の原因である錆（オキシ水酸化鉄 FeOOH）の溶解度は小さく，採水時のサンプリングに際して沈殿錆を含めるかどうかで鉄濃度は著しく異なる．亜鉛めっき鋼管同様，給水・給湯管として使われる塩化ビニルライニング鋼管は，管端部の防食被覆が不備で露出すると腐食し，赤水が発生する．赤水は鋼管の腐食初期の判断指標である．

　赤水とランゲリア飽和指数（LSI）（3.7 節参照）の関係を図 6.5 に示す[1]．LSI の負値が大きくなるほど鉄溶解量が増大している．これは，カルシウム硬度が低いほど鉄の溶解が増大することを意味している．

　透明度を表す指標である色度は，水道水では「5 度以下」，濁度「2 以下」と定められている．水道水質基準では水質分析による全鉄（鉄）濃度が 0.3 mg/L と定められており，それを超えると着色する．水道水以外にも，ボイラ水，冷温水，冷却水も赤色着色から配管の腐食程度を評価する．河川水のような自然水では，天然に存在するフミン酸，フルボ酸によっても着色する．また，地下水などではマンガンが原因で黒色を呈する（黒水ともいう）．銅管では腐食により青水現象が起こる．

　通常，鋼管内面の腐食が著しいと，錆詰まりによる通水不良や漏水を生じる

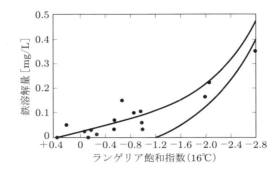

図 6.5　アメリカ国内における都市水のランゲリア飽和指数と鉄管の腐食の関係

ようになる．このため，赤水が生じたときは，漏水も調べる必要がある．

[対策]

- 赤水防止には，薬剤であるポリリン酸塩を注入する対策もあるが，飲用水への薬剤の注入は規制値以内であっても消費者から受け入れられない傾向がある．
- 冷却水の場合の水処理剤として古くから広く使用されてきたポリリン酸塩は，微量で炭酸カルシウムのスケール防止効果がある．また，水中に Zn^{2+}，Ca^{2+} が共存すると，腐食防止効果が増大する．ポリリン酸塩は，金属イオン封鎖効果によって鉄のアコ錯体（鉄イオンに水分子が配位したもの）としての赤色を消失させる効果が大きい．
- ケイ酸塩も赤水防止薬剤として利用されている．ケイ酸塩はポリリン酸塩のように富栄養化の問題はないが，数 ppm（SiO_2 として）程度ではケイ酸塩皮膜を形成して積極的な防食効果を期待するまでには至らない．
- アメリカでは，水道水にポリリン酸塩が注入される場合もあるが，水道水に注入する薬剤はオルトリン酸が主体である．オルトリン酸は，金属イオンと反応して不溶性のオルトリン酸塩を生成して沈殿させる効果があるため，配管からの鉛イオン，亜鉛イオンの溶出による悪影響を防止できる．
- ライニング管更正工法，膜式脱気法，カソード防食法，カルシウム防錆工法などが有効である（事例 15 の表 6.2 参照）．

参考文献
1)　M. E. Flentje：*J. AWWA*, vol. 53, p. 1461, 1961.

事例 4　消火配管における水素ガスの発生と発火

材料：亜鉛めっき鋼管

　1992 年 7 月，神戸市で消防隊が屋内消火栓を用いて消火した際，ノズル先端から一時的に水素ガスによるとみられる火炎が観察された．これを受けて神戸市消防局が市内の建物を調べたところ，消火栓開栓時のガスに高いもので 20〜28％もの水素ガスが含まれていることがわかった[1]．同様の発火現象は，消火配管やスプリンクラー配管の改修工事における配管の溶断やグラインダーによる切断時にもみられる．建物内の消火配管には，一般に配管用炭素鋼管（白）が使用されている．消火配管は，年一度の検査や工事の際に水抜きが行われる以外は水道水が充塡されたままになっているため，時間の経過に伴って水中の溶存酸素の還元反応により，水中の酸素が消費され，管内面の亜鉛めっき層の腐食作用は次第に低下する．また，腐食生成物として水酸化亜鉛 $Zn(OH)_2$ が生成され，溶解度が比較的高く遊離した水酸化物イオンの増加により，配管内の pH は 9〜10 程度にまで上昇する．このため，特段の防食措置は行われない．しかし，亜鉛は卑な金属であるため，このような条件であっても水素ガスが発生する可能性がある．

　実験で，ステンレスフレキ管継手と亜鉛めっき鋼管を接続した試験体に水道水を満たして密封し，他方，ステンレス鋼板/亜鉛板の異種金属板を合わせたガルバニック対を試験体として水道水を満たした圧力容器内に設置して密封し，ガルバニック電流の経時変化を計測した．その結果，ガルバニック対は室温で約 10 ヶ月静置した後，ステンレスフレキ管継手と亜鉛めっき鋼管を接続した試験体の端部プラグを外して開放したところ，著しい発泡現象がみられ，ライターの炎に着火することが観察された[2]．また，別の実験では，ガルバニック対で水上置換法により発生気体を捕集し，ガスクロマトグラフィーにより分析した結果，ガス組成は $H_2：20\%$，$O_2：17\%$，$CO_2 < 1\%$ であった．圧力容器による試験でも圧力容器の圧力計指示値は 0 MPa から 0.058 MPa に増加し，気体の発生がみられた．ステンレス鋼と亜鉛めっき鋼管とのガルバニック対の試験からも亜鉛上で水素が発生することが確認された．

　溶存酸素のある水道水中において，亜鉛は次式のように電気化学反応により腐食し，水酸化亜鉛 $Zn(OH)_2$ を生成する．

カソード：$\frac{1}{2} O_2 + H_2O + 2e^- \longrightarrow 2OH^-$

アノード：$Zn \longrightarrow Zn^{2+} + 2e^-$

$$Zn + \frac{1}{2} O_2 + H_2O \longrightarrow Zn(OH)_2$$

亜鉛 Zn の電位 - pH 図を図 6.6 に示す．亜鉛の標準電位は $-0.76\,V\,(SHE)$ と低く，平衡電位はさらに低い．それに対して，試験に用いた水道水の pH 7.7 における水素平衡電位は $-0.46\,V\,(SHE)$ であるため，水素発生型腐食（3.1 節参照）は十分起こりうる．pH 6.5～10.5 の領域は，水酸化亜鉛 $Zn(OH)_2$ が析出する不動態領域である．しかし，中性域では水酸化亜鉛の溶解度は比較的高い．遊離炭酸存在下では，塩基性炭酸亜鉛 $Zn_5(CO_3)_2(OH)_6$ の溶解度が低く，不動態はより安定である．

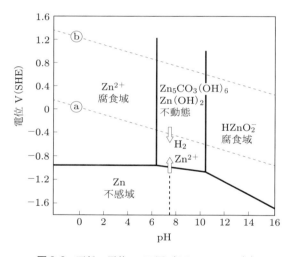

図 6.6　亜鉛の電位 - pH 図（$CO_2\ 1\,g \cdot mol/L$）

[対策]
- 亜鉛めっき鋼管内部では，水素発生型腐食により水素が発生するが，わずかであるため爆発事故につながることはない．ただし，配管の溶接，切断時などには火炎が発生しやすいため，点検や放水訓練の際には十分エア抜きをしておくとよい．

参考文献
1) 神戸市消防局査察課:屋内消火栓設備の配管内の事故調査,FESK,no. 135, p. 41, 1993.
2) 山手利博ほか:材料と環境,vol. 59, p. 436, 2010.

事例 5 溶融亜鉛めっき鋼管の極性逆転による腐食

材料:亜鉛めっき鋼管(白管)

 亜鉛めっき鋼管は,通常,鉄素地に対して亜鉛層の電位が低いため,亜鉛がアノードとなって溶解し,カソードとなる素地の鉄を腐食から守る犠牲陽極作用(5.3節参照)がはたらく.電気化学的に卑な金属である亜鉛は,犠牲陽極として鉄に優先して溶解するはずであるが,水温が50~60℃以上の場合は,表面皮膜の組成が水酸化亜鉛 $Zn(OH)_2$ から酸化亜鉛 ZnO に変化するとされる.水質条件が以下のような場合は犠牲陽極作用を示さなくなり,何らかの保護皮膜が形成されて不動態化する(3.3節参照).

- pH 9.1~9.8とやや高い場合.
- 塩化物イオンや硫酸イオンなど腐食性アニオン濃度が 10 mg/L 以下と低い場合.
- 水中のイオン状シリカ濃度が低下している場合(水の循環に伴って槽底や管壁に析出や沈澱).

 亜鉛が不動態化すると,鉄より電位が貴となり,亜鉛が溶けにくくなる極性逆転現象が起こる.溶融亜鉛めっきの犠牲陽極作用と極性逆転の機構を示す模式図を図6.7に示す.亜鉛めっき鋼管に生じる不動態皮膜の組成は明らかになっていないが,不動態化は,数μm程度の薄い酸化膜(沈殿皮膜)を形成するこ

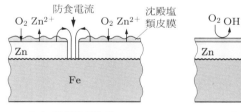 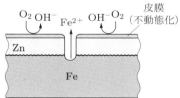

(a) 犠牲陽極作用   (b) 極性逆転

図6.7 亜鉛めっきの犠牲陽極作用と極性逆転

とによって活性腐食が停止する現象である．亜鉛上に何らかの不動態皮膜が形成されると，亜鉛層中に存在するピンホールを通して素地の鉄がアノードとなって孔食に発展する．また，亜鉛上には，酸化亜鉛，炭酸亜鉛，ケイ酸亜鉛（ヘミモルファイト）などの皮膜が形成されることが多い．

保護皮膜の組成は，炭酸亜鉛やケイ酸亜鉛などの塩の沈澱皮膜であるため，素地に達する孔が存在する．これらの孔を通して溶存酸素の還元反応と，亜鉛や鉄のアノード反応により，電気化学的に腐食が進行する．ただし，亜鉛の極性逆転の発生頻度は必ずしも多くはない．

一般に，亜鉛めっき鋼管の電位は，浸漬直後は最外層の純亜鉛（η相）の電位を反映して低い値を示すが，時間の経過とともにη相がなくなってZn-Fe合金相が表れ，電位は貴化していく．しかし，極性逆転では何らかの原因で亜鉛自体の電位上昇が起こるものと考えられる．実際に電位の逆転が起こっているかどうかについてはいくつかの実測例があり，孔食内の鉄の電位に対して健全部の亜鉛の電位が高くなっていることが確認されている[1]．

図6.8は，竣工後8年経過した密閉式冷温水配管系で顕在化した配管用炭素鋼管（白）の腐食事例である．管内面は全体的に亜鉛めっき層がまだ残存しており，局所的に素地の鉄が腐食し，孔食を生じている．極性逆転による孔食はボルト孔状を呈し，円形で径の大きなピットを生じることが特徴である．極性逆転は，塗装の下塗りに亜鉛の粉末を用いた無機ジンクリッチペイントが高温下におかれた場合にも起こる．

亜鉛の極性逆転現象が原因と考えられるのは，つぎのような場合である．

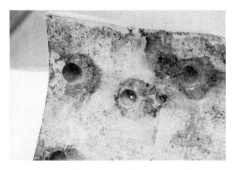

図6.8 極性逆転による亜鉛めっき鋼管の孔食
（[出典] 松川安樹，宮下 守ら：第45回材料と環境討論会 B203, p.175, 1998.）

1. ビル空調系の密閉式冷温水配管（配管用炭素鋼管（白））において，竣工後数年以内の短期間に起こった孔食状局部腐食による漏水．ボイラ給水配管，冷却水配管でも起こる．
2. カソード防食においては流電陽極法（犠牲陽極法）として亜鉛合金が用いられている．流電陽極用の亜鉛合金には，活性溶解することによって発生する防食電流が流れるが，この電流が流れなくなる場合．
3. 予作動式（乾式）や湿式スプリンクラー配管における配管用炭素鋼管（白）において，設置後1.5～4年の短期間に漏水が発生した場合[1]．

[対策]
- 亜鉛の極性逆転は，不動態化現象によって起こると考えられる．管内に多量の塩化物イオンが存在すると，皮膜が化学的に破壊されるので起こりにくい．
- 亜鉛や鉄の腐食は，溶存酸素の存在によって起こる．よって，脱酸素により防止する．
- 密閉式冷温水システムにおいては，密閉配管に浸入する溶存酸素を除去するために，脱気装置を設置して適宜稼働させる．

参考文献
1) 山手利博：日本建築学会環境系論文集，第599号，p.111，2006．

事例6　内面樹脂被覆鋼管の腐食

材料：樹脂ライニング鋼管

炭素鋼管や亜鉛めっき鋼管内面を樹脂でライニングした配管材料としては，硬質ポリ塩化ビニルライニング鋼管やポリエチレン粉体ライニング鋼管がある．主な用途は，給水（JWWAK 116，JWWAK 132）・給湯（耐熱硬質塩化ビニルライニング鋼管 JWWAK 140）・排水（排水用硬質塩化ビニルライニング鋼管 WSP 042）である．1960年代に公団住宅やマンションの給水配管で赤水（事例3参照）が多発したことを背景に，溶融亜鉛めっき鋼管に代わって水道用硬質ポリ塩化ビニルライニング鋼管が導入されるようになったが，この場合にも

図 6.9 給水用ライニング鋼管 (25A) 内面の腐食

施工条件によって，図 6.9 に示すように鋼管内面の継手部に錆の発生がみられた．青銅製バルブやメータとの接続部では，ライニング鋼管接続部端面の異種金属接触腐食（3.4 節(1)参照）が著しくなる．中水配管は，給水配管に比べて一般に電気伝導率が高いため，異種金属接触の影響はさらに大きくなる．

　内面樹脂被覆鋼管は，管内面全体を硬質塩化ビニル樹脂で覆うことで鋼管の腐食による赤水の発生を防止することをねらったものである．しかし，配管施工時に切断面の鉄部が水に露出してしまうと，そこから鉄が腐食する．露出面積が小さい場合でも腐食が継続すると，肉薄の継手ネジ部で漏水が始まる．

　そこで，管端部の腐食を防止するために配管施工時に端部にコアを差し込む方法がとられたが，完全ではなかったため，エルボやティーズに樹脂を成型加工した管端防食継手が開発された．しかし，青銅製バルブや銅合金製エルボ，ティーズなどの継手部では，異種金属接触腐食を助長して短期間に著しい腐食が生じるようになった．また，樹脂ライニング鋼管の開発当初は，エルボ継手部の内面を塗装したコーティング継手で施工されたため，塗膜の膨れによる通水不良や早期の腐食劣化が起こった．硬質塩化ビニルライニング鋼管と，樹脂コーティング継手の接続状況を図 6.10(a)に，コア内蔵型管端防食継手の接続状況を図(b)に示す．コーティング継手の場合には，樹脂ライニング鋼管の端面とエルボ継手ねじ部で鉄が露出して腐食する．一方，コア内蔵型管端防食継手では適正なねじ加工ができれば，管切断面はゴムリングの中に入り，金属部は水に露出しないので腐食は起こらない．

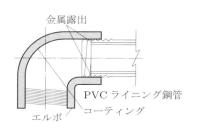
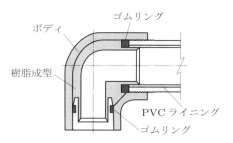

(a) 樹脂コーティング継手の接続　　(b) コア内蔵型管端防食継手の接続

図6.10　硬質塩化ビニルライニングの鋼管と管端防食継手の接続部の構造

[対策]

- 樹脂ライニング鋼管の接合に，コア一体型，コア組込型，コア可動型などのねじ込み式管端防食継手を使用する．ねじ加工では，自動切り上げ式ねじ切り機でねじ切りを行い，適正なねじ込み量になるように注意する．
- 青銅製バルブなどの器具継手には，異種金属接触腐食（3.4節(1)参照）を回避するために絶縁継手を用いる．
- 150 A 以上の大口径管には，ねじ込み式管端防食フランジを用いて，内面を樹脂被覆したフランジ接合を適用する．
- 給湯用には，規格化されている水道用耐熱性硬質塩化ビニルライニング鋼管を用いる．連続使用限界温度は 85℃である．
- 集合住宅では，ヘッダー配管にポリブテン管や架橋ポリエチレン管などの樹脂管を用いる．

事例 7　蒸気還水管の腐食（炭酸腐食）

材料：炭素鋼管

　上水や工業用水を使用する小型低圧ボイラでは，遊離炭酸 $CO_2(aq)$ が還水（蒸気凝縮水）に溶存して pH を低下させることによって蒸気還水管（炭素鋼管）が著しく腐食され，漏水が起こることがある（図6.11）．この種の腐食を還水管の腐食または炭酸腐食（2.11節参照）という．配管用炭素鋼管（黒）の

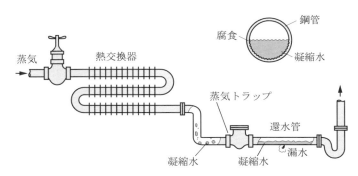

図6.11 還水管の配管システム

炭酸腐食は，管内面に錆の堆積が認められず，腐食面は比較的滑らかな肌を示す均一腐食形態で，横引き管の滞水部やねじ部の肉厚が薄くなった部分から漏水が起こる．還水管の漏水トラブルは竣工後半年ないし2〜3年のうちに，管末トラップの周りや横走り小管径配管に集中して起こり，エルボの蒸気トラップの後などの侵食が著しい．炭酸腐食による蒸気還水管ねじ部の腐食事例を図6.12に示す．

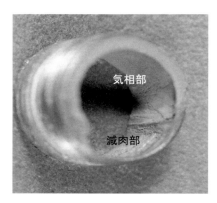

図6.12 蒸気環水管（32A）ニップルの腐食

蒸気還水管は，遊離炭酸の生成によって還水のpHが低下し，腐食が起こる．小型低圧ボイラ給水に水道水や工業用水を用いる場合，軟化処理を行ってカルシウムやマグネシウムなどスケール成分は除去される．しかし，炭酸水素イオンHCO_3^-は除去されず，ボイラ缶内の水温上昇に伴って，次式のように炭酸イオンCO_3^{2-}に分解される．

$$2HCO_3^- \longrightarrow CO_3^{2-} + CO_2 + H_2O$$

炭酸イオンは分解反応によってアルカリを生成し，缶水の pH を高める．また，二酸化炭素 CO_2 は蒸気中に移行し，遊離炭酸 CO_2 (aq) となって還水に再溶解する．

$$CO_3^{2-} + H_2O \longrightarrow 2OH^- + CO_2$$

その結果，還水の pH は低下し，酸性を示すようになる．

　炭酸イオンの分解率は，温度が高いほど，また圧力が高いほど大きくなる（図 6.13）．ボイラの稼働条件や還水の回収率によっても異なるが，還水の pH は pH 5～6 程度にまで低下する．炭素鋼管がこのような水質条件に曝されると，溶存酸素が存在しなければ水素発生型腐食（3.1 節参照）が起こる．ただし，この程度の pH 低下だけで水素発生型腐食が顕著な腐食減肉を引き起こすとは考えにくいため，溶存酸素のリークも関与しているのではないかとの見方もある．

　腐食がとくに著しいのは，ボイラ停止中に遊離炭酸による低 pH と空気を吸い込んだ溜まり水の中である．また，還水回収率が低い場合は補給水が多くなり，アルカリ度が高いと，還水の pH 低下が著しい．蒸気還水をホットウェルタンクに回収し，ボイラ給水に利用する場合は，還水が高温になって溶存酸素濃度が低下するので，回収率が高いほど腐食は抑制される．

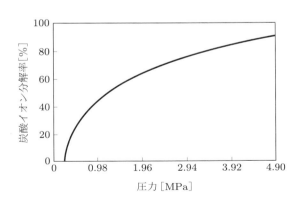

図 6.13　炭酸イオン分解率と圧力の関係
（[出典] 日本ボイラ協会編：ボイラの水管理，p.146，共立出版，1967.）

[対策]

- 単分子層の皮膜を形成して腐食を抑制する皮膜性アミンや中和性アミンなどのインヒビターを蒸気量に応じて比例注入する．中和性アミンは揮発性のため，給水のアルカリ度が高い（HCO_3^- 濃度が高い）場合は，遊離炭酸の生成による pH 低下が著しいので濃度を高くする．
- 腐食しろを厚く見積りたい場合は，還水管として一般に用いられている炭素鋼管（SGP 黒）の代わりに厚肉のスケジュール管（STPG）を用いる．
- SUS304 などのステンレス鋼管を用いる．

事例 8　スプリンクラー配管における亜鉛めっき鋼管の局部腐食

材料：亜鉛めっき鋼管

スプリンクラーシステムの予作動弁とスプリンクラーヘッド間の溶融亜鉛めっき鋼管において，使用開始後 1.5〜5 年の短期間に，腐食による穿孔によって漏水が発生することがある．腐食は局在化したピット状であり，水の滞留部，ティーズ接続部などで発生する．ピット部以外は亜鉛層が健全な状態である．ある事例では，横引き管の水たまり部や，たて管の喫水面直下など空気が充満したり加圧されたりする空間に近い水面下で腐食が起こっており，錆を取り除くと鍋底状の大きな腐食孔があることがわかった[1]．

スプリンクラーには，従来の湿式スプリンクラーと（予作動式）乾式スプリンクラーがある．乾式スプリンクラーは，非火災時に何らかの原因による誤作動から，消火用水が溢れ出す浸水事故が湿式スプリンクラーで起こったことから開発された．乾式スプリンクラーには，スプリンクラーヘッドとは別に，熱や煙，炎を検出するセンサがあり，それらを検知した際には自動で作動するようになっているため，予作動式乾式スプリンクラーともいう．乾式スプリンクラーシステムの模式図を図 6.14 に示す．

乾式スプリンクラーは，制御弁とスプリンクラーヘッドの間の亜鉛めっき鋼管内部には加圧空気（3.95 気圧）が充填されていて，火災検知器が火災を検知するとはじめて制御弁が開き，加圧された水がスプリンクラーに供給される．ただし，施工時に横引き管にある水を完全に取り除くことはできず，また，定

事例8 スプリンクラー配管における亜鉛めっき鋼管の局部腐食

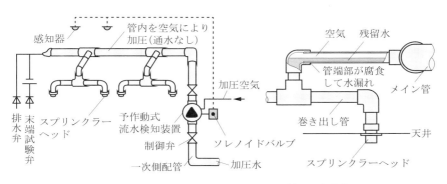

図6.14 乾式スプリンクラーヘッドと配管の局部腐食

期検査で充塡される水も長期間，残留する．これにより，高圧下の空気が水に溶解し，その溶存酸素によって健全亜鉛部は不動態化作用を受けるとともに，底部は亜鉛めっき欠陥部や鋼露出部はアノードとなってガルバニック作用（3.4節(1)参照）によって局部腐食が進展する．

亜鉛めっき鋼管（白）には通常50 μm程度の薄い亜鉛めっき層があり，亜鉛は素地の炭素鋼に比べて電気化学的に卑な金属であるため，亜鉛の犠牲陽極作用（5.3節参照）によって鉄素地が腐食から守られる．このとき，亜鉛層が鉄より先に溶解するはずであるが，乾式スプリンクラー配管の場合には，ほとんどの亜鉛は健全な状態で残り，ところどころに腐食孔が生じる．腐食漏洩までの時間から算出される孔食部の腐食速度は，1～2.5 mm/yと著しく速い．これは，何らかの原因で亜鉛が不動態化し，不動態‐活性態電池作用によって，不動態皮膜の欠陥部（おそらくめっき層のピンホール）が孔食の起点となって，亜鉛と鉄との電位が逆転した局部腐食に発展したためと考えられる．この種の不動態化は，ステンレス鋼のように当初から不動態を生じているわけではなく，特定の水質条件よって形成された皮膜がもたらす．極性逆転（事例5参照）をもたらす原因は明らかになっていないが，錆こぶ近辺の健全部のX線回折によれば，酸化亜鉛ZnO皮膜の形成が確認されている．これが半導体的性質をもつことから，亜鉛めっき表面がカソードとして有効に作用することは十分考えられる．

一方，従来の湿式スプリンクラーの消火用配管は，用水を満たした状態で保持されており，水張り時に持ち込まれた溶存酸素は腐食反応によって消費されるので，その後の配管は腐食が抑制されると考えられていた．しかし，湿式ス

プリンクラーの配管系でも，竣工後数年の亜鉛めっき鋼管に前出の乾式スプリンクラー配管と同様の局部腐食による漏水が確認されている[1]．その原因は，配管系に残存した大量の加圧状態の空気層から水中に酸素が溶解・拡散して亜鉛と鋼の電位逆転が生じたためと考えられる．消火水槽の内面仕上げ材（モルタル）から溶出したアルカリが消火用水のpHを高め，亜鉛の電位を貴化させたと思われる．

[対策]
- 圧縮空気が充填された予作動弁とスプリンクラーヘッド間の配管内に残った滞留水を取り除く．また，配管の勾配をとってドレン水を排出しやすくする．
- 加圧用気体を空気から窒素ガスに変更する[1,2]．とくに，湿式スプリンクラー配管では空気層の除去が基本的な対策になる．

参考文献
1) 山手利博：材料と環境2002講演予稿集，B311，p.225，2002．
2) 中村 勉：空気調和・衛生工学会誌，vol.80，p.74，2006．

事例 9　橋梁の腐食

材料：炭素鋼，耐候性鋼

以前の鋼橋では，油性錆止め塗料としてフタル酸樹脂塗料の中・上塗りする一般塗装系が適用され，頻繁な塗り替えが必要であった．また，紫外線による劣化や工場塗装と現場塗装の間の処理が十分でなかったため，塗膜の層間剝離を生じたり，素地調整が悪くて塗膜が剝がれやすいといった問題があった．さらに，既設の鋼橋は経年劣化や塩害の影響もあって，とくに腐食損傷を考慮した保守メンテナンスが重要な課題であった．塩害は，海上の鋼橋に限った問題ではない．融雪剤として塩化カルシウムを冬期に散布する山間地の鋼橋においても，同様の塩害が問題となっている．

1988年に完成した児島・坂出ルートをはじめ，神戸・鳴門ルートや尾道・今治ルートなど本州四国連絡橋プロジェクトでは，さまざまな新しい考え方や新しい技術が導入された．高強度鋼を必要とする長大海上橋は，塗装の塗り替

えには多額の費用がかかるとともに工事が困難であるが，LCC（ライフサイクルコスト）を考慮した重防食塗装（5.2節参照）の概念が本格的に取り入れられた．塩害による腐食，振動による腐食疲労，高力ボルトの遅れ破壊などの問題もプロジェクト当初から重視され，種々の技術的検討が行われた[1]．その技術的成果はその後さまざまな分野に波及した．

近年，環境問題や地球温暖化の影響もあってVOC（揮発性有機化合物．5.2節参照）の削減が求められている．VOC発生量の56％は塗料に由来しているといわれている．そのため，最近では低溶剤型塗料や水溶性塗料が使われるようになった．また，オキシダントになりにくい弱溶剤型塗料が求められている．このほか，防錆顔料として広く使われてきた鉛丹やクロメートに代わり，亜鉛，アルミニウム，カルシウムなどの使用が提案されている．

◆炭素鋼・鋳鉄◆

[対策]

- 大型の海上橋は塗装の塗り替えも容易でないため，LCCを考慮した重防食塗装が行われる．重防食塗装では，ジンクリッチペイントを下塗りとして，それにエポキシ樹脂塗料を5〜6層塗り重ね，最後に耐候性のポリウレタン樹脂塗料あるいはフッ素樹脂塗料を上塗り塗装する．
- 鋼橋のボルト継手部は，高力ボルトでは水素脆化（事例17参照）が懸念されることから防錆処理高力ボルトが用いられる．
- 耐候性鋼を鋼橋に適用することによって，塗装の塗り替えは必要なくなる．ただし，その耐久性は，錆が安定化するかどうかによって決まり，安定化するには湿潤とともに乾燥が必要である．鋼橋構造の桁隅部や構造体内部のように乾燥しにくいところでは錆は安定化しにくい．また，海岸部のように，塩害の影響を受けやすいところでも錆は安定化しにくいので，飛来塩分量が0.05 mdd［$mg/dm^2/day$］以下の地域[2]など，海岸から一定距離離れたところでないと耐候性鋼の適用は難しい．
- 塩害は，冬季の凍結防止剤の散布によって山間地の橋梁などでも起こる．塩化物を含む水が橋台や橋桁など構造物の内部に流れ込み，錆の安定化を妨げる．耐候性鋼（事例12参照）は水はけがよく，乾燥しやすいところでは錆が安定化しやすいが，目に見えにくい構造体内部や隅部などでは錆が安定化せず腐食が生じやすい．

- 長大鋼橋は高強度鋼が使用されるが，車両の通行による繰り返し荷重により金属疲労が生じる．また，鋼構造物の欠陥部や塗膜の劣化によって腐食を伴う部位では腐食疲労（3.5節(7)参照）を受ける．このような場合は単なる金属疲労のような耐久限がみられない状態で亀裂が進行し，放置しておけば破壊に至るので点検し，監視しなければならない．

参考文献
1) 岩屋勝司，吉田茂司，中尾俊哉：防食技術，vol. 38，p. 277，1989.
2) 日本道路協会編：鋼道路橋塗装・防食便覧，2005.

事例 10　金属材料の大気腐食

材料：炭素鋼，ステンレス鋼，銅，アルミニウム合金

　天然大気に曝された金属材料は，雨水や結露によって腐食する．亜熱帯地域で行われた大気曝露試験の状況を図6.15に示す．高温多湿の亜熱帯地域では，腐食性が著しく，炭素鋼板は厚い錆層で覆われる．亜鉛めっき鋼板はスクラッチをつけることで犠牲陽極作用（5.3節参照）が促進されることがある．金属材料の大気腐食は，場所や気象条件に依存し，雨水，気温，湿度，塩害，大気汚染などの条件に強く影響を受ける．

　金属材料の大気腐食は，金属表面が水分によって濡れることに始まり，金属表面が水膜で覆われると酸素が溶存し，海塩粒子が溶け込み，電気化学反応によって腐食が進行する．腐食が進行する下限界の相対湿度は70％以上であるが，

図6.15　亜熱帯地域における大気曝露試験（フロリダ）

海塩粒子の付着，汚れがある場合にはそれらの吸湿作用によって相対湿度60%程度でも腐食が始まるとされている．したがって，乾きやすい表面に比べて乾きにくく濡れ状態が継続する金属構造物の裏面や内面は腐食が著しい．

大気腐食は，屋外で大気に曝されるビルの外壁，屋根，自動車，鉄道車両，船舶甲板，橋梁，送電鉄塔，各種標識，モニュメントなどさまざまな構造物にみられる．これらの構造物に使われている金属材料は，炭素鋼，ステンレス鋼，銅，銅合金，アルミニウム合金，チタンなどである．各種金属材料の特徴はつぎのとおりである．

(1) 炭素鋼とステンレス鋼

耐候性鋼（事例12参照）は「錆で錆を制する」概念に基づいて開発された銅 Cu，クロム Cr などを含む低合金鋼で，比較的厚い錆によって腐食を抑制する．しかし，錆が安定化するのに数年かかる．また，塩害が錆の安定化を妨げる．炭素鋼は大気腐食を防止するために各種塗装が施されるほか，めっき，溶射などの表面被覆を施すのが一般的である．溶融亜鉛めっきは，屋根材，各種架台，鉄塔などに適用される．耐久性はめっき層厚さに依存する．酸性雨や火山の影響を受けるところでは，亜鉛層の耐久性は劣り，赤錆を生じやすい．ステンレス鋼は光沢や美観が維持されることも期待されるが，海塩粒子の影響を受けるところでは変色して局部腐食が生じるため，耐久性が十分ではない．

(2) 銅と銅合金

銅屋根は青緑色の塩基性硫酸銅からなる緑青の生成が期待されるが，初期は酸化銅（Ⅰ）を生成し，赤褐色を呈し，緑青の生成が始まるまでには少なくとも10年はかかる．そのため，あらかじめ化学処理を施して人工緑青[1]を塗装をすることも行われている．人工緑青は天然緑青が生成されるまでの期間を補う．

青銅は銅像や工芸品として古代から世界各地で使われ，大気下で優れた耐食性を示す．青銅はCu-Sn-(Pb)合金の鋳造品であるが，スズSnの割合によって硬さや色調が変わり，それにあわせて用途が変わる．

(3) アルミニウム合金とチタン

アルミニウム合金は，Alに合金元素を添加して金属間化合物を析出させることにより強度を高めている．添加される金属元素はAlに対して貴となる場合が多いので，純Alに比べてアルミニウム合金は耐食性が劣る．そのため，陽極酸化（アルマイト）によって厚い酸化膜を形成し，窓枠や柵など大気下で広く用いられる．海岸地帯では，海塩粒子によって孔食を生じることがある．

塗料や耐食材料の開発においては，短期間に耐食性を評価する必要があり，効率的な促進腐食試験法が求められる．しかし，実際の腐食状況と促進腐食試験との間には大きな隔たりがあり，試験片や実物による大気曝露試験が必要である．（一財）日本ウエザリングテストセンターが銚子市や宮古島などに大気曝露試験センターを設けているほか，独自で沖縄地方などに試験センターを設置している企業も多い．かつては，排出された亜硫酸ガス SO_2 の影響からくる腐食の進行が工業地帯では著しかったが，現在では自動車排ガスによる NO_x の影響がより深刻になっている．海洋に囲まれた日本では，塩害の影響についても忘れてはならない．

◆炭素鋼・鋳鉄◆

[対策]

- 塩害の影響を受けやすい海上橋に対しては，耐久性を考慮した重防食塗装が必要である．紫外線による劣化対策には，ウレタン樹脂塗料，フッ素樹脂塗料による上塗りが効果的である．
- ステンレス鋼は不動態皮膜によって耐食性が維持されているので，海岸近くでは孔食による変色を生じやすいため，本来のステンレス鋼の光沢を維持するには SUS304 では不十分で，SUS329J4L や耐孔食指数 $PRE > 40$ のスーパーステンレス鋼を用いる必要がある．
- 銅板を屋根材として用いる場合は，緑青が生成し始めるまでに 10 年以上かかる．最近では，銅板に人工緑青を塗装し，天然緑青が生成されるまでの期間を補う．一方，銅固有の赤銅色を維持するためにはベンゾトリアゾール（BTA）を含む透明ラッカーを塗布する．
- アルミニウム合金（A6063）が建材に使われるアルミサッシは，陽極酸化（アルマイト）処理によって厚い酸化膜を形成し，高い防食性能をもたせる．さらに，クリアラッカーを塗布したり，着色塗装したりすることによって，大気下の複合皮膜により防食性能を高めることができる．経済的に一般住宅の屋根材としては高価であるが，チタン板は TiO_2 からなる酸化膜によって優れた耐食性を示すため，長期的耐久性が要求される寺社・仏閣の屋根瓦に適用された例がある（例：東京・浅草寺）．
- アルミニウムを含む溶融亜鉛めっき鋼板 5 % Al-Zn（ガルファン）や 55% Al-Zn（ガルバリウム鋼板）は，合金元素の Al が一種の不動態皮膜を形成することで，耐食性を増す．これは，犠牲陽極作用による溶融亜鉛

めっき鋼板の耐食性より優れている．

参考文献
1) 森本和成，山崎周一：表面技術，vol. 51，no. 8，p. 807，2000.

事例 11　錆が安定化しなかった耐候性鋼

材料：耐候性鋼

1950 年代に US スティール社によって開発された耐候性鋼（weathering steel）は，銅 Cu，クロム Cr，ニッケル Ni などの元素を含み，JIS 規格 G 3114-1988 には SMA（400A，B，C），SMA（490A，B，C），SMA570 の 3 種類があり，裸のまま使用する場合と塗装して使う場合でやや化学成分が異なる．本来の耐食性を発揮するには，長時間，大気に曝し，錆を安定化させる必要がある．無塗装使用する場合，曝露初期には赤錆の色がむしろ景観を悪くし，錆汁が流れてビルの壁面，コンクリート床，橋脚・橋台を汚すなどの難点がある．また，海岸地帯では塩害により錆が剥離し，錆が安定化しないなどの問題もあった．継手部や構造物の内面，くぼみ，雨水が溜まり排水が十分でないところなど通風性が悪い部分もいつまでも錆が安定化しない．これは，耐候性鋼が開発されたアメリカが乾燥地域であったのに対して，日本は海洋に囲まれ湿潤気候であったことが関係している．その後，そのような問題に対応した塩害に強い 0.4Cu-3Ni 系高耐候性鋼が開発された．

耐候性鋼は，図 6.16 に示すように，地鉄と外層の錆（FeOOH，Fe_3O_4）との間に銅，クロム，ニッケルなどの元素が濃縮した緻密な非晶質の錆層ができ，それが酸素の透過を抑制するために腐食が抑制される．国内各地で行った耐候性鋼に対する大規模な曝露試験で得られた飛来塩分量と板厚減少率の関係を図 6.17 に示す．この試験結果から，耐候性鋼の適用基準として飛来塩分量 < 0.05 mdd（＝$mg/dm^2/day$）が提案されている．

1970 年竣工の北海道百年記念塔（札幌），1972 年竣工の四島のかけはし（納沙布岬）（図 6.18）は，竣工後しばらくは錆が安定化せず，構造物の凹みの部分，乾燥しにくい部分は浮き錆となって剥離し，前者は立ち入りが禁止されたこともあったが，40 年経過したいまでは錆が安定化し，メンテナンスがしやす

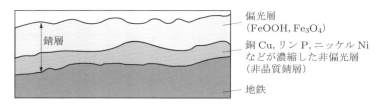

図6.16 耐候性鋼の錆層の模式図

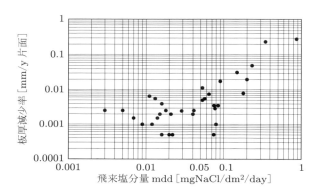

図6.17 飛沫塩分量と板厚減少率の関係
（[出典] 防錆・防食技術総覧編集委員会：防錆・防食技術総覧，産業技術サービスセンター，p.571，2000．）

図6.18 耐候性鋼でできた四島（しま）の架け橋モニュメント

い状況になった．国内各地に架設されている鋼橋や送電鉄塔は数が多く，山地や僻地における維持管理コストは莫大である．このため，これらの構造物に，上記の例のように，耐候性鋼を適用することができれば，メンテナンスコストの大幅な削減が期待できる．しかし，アメリカでは，耐候性鋼を使用した橋梁が

占める割合が45％にも達しているが，日本では，1980年頃から耐候性鋼を使用した橋梁が増大し始めたものの，1995年の時点で約6％にとどまっている．

　従来，溶融亜鉛めっきが使われていた送電鉄塔においても，耐候性鋼の長期曝露試験から，海岸地帯や湿度の高い地域では安定錆が生成しにくいものの，流出錆が碍子に付着しても電気的特性に影響がないため，錆安定化処理を行えば流出錆を解消できることが明らかになっている．このため，ローメンテナンスの観点から耐候性鋼の利用が有効と思われるが，送電鉄塔への利用はあまり進んでいない．

　錆が安定化しにくい環境では，設計上の工夫により排水や通風を考慮した構造にしたり，塗装を施したりすることなどが必要である．

　耐候性鋼の性能を維持するためには，素材としての耐食性のみならず，水はけを良くするために屋根の勾配を大きくするなど，設計上の工夫も必要である．

[対策]
- 耐候性鋼の適用基準は，飛来塩分量＜0.05 mdd（＝mg/dm^2/day）で，海岸線より少なくとも2 km離れていることが条件である．
- 飛来塩分量が多く錆が安定化しない橋梁では，曝露初期における流出錆を考慮すれば，あらかじめ化成処理を行うことも考えられる．
- 構造物接合部の内面，凹み部は，水はけが悪く錆が安定化しにくい．水たまりができないような構造とし，屋根の勾配を大きくするなどの設計上の工夫を行うことが大切である．

事例 12　コンクリートの中性化による鉄筋の腐食

材料：炭素鋼（鉄筋）

　鉄筋コンクリートは，高い強度と60〜80年以上の耐久性をもつことから，ビル，橋梁，トンネル，海洋構造物など広い分野で使われ，社会資本を支えている．コンクリートはセメント，骨材，水の混和材料からなり，容積の約70％が骨材，残りの約30％がセメントペーストで構成されている．硬化したコンクリートの圧縮強度は，約23 kN/m^{3}程度である．コンクリートには，圧縮に強いが引張に対して弱いという弱点があり，それを補うために鉄筋で補強したの

が鉄筋コンクリートである．

　硬化したコンクリートは骨材（砂利・砂・砕石）がセメントペースト中に分散し，補強材の鉄筋が挿入された構造になっている．セメントペーストには凝固過程で入った空気や凝固収縮によって種々の大きさの細孔が形成される．細孔は，初期には水酸化カルシウム $Ca(OH)_2$ の飽和溶液や過剰のアルカリ成分で満たされている．したがって，健全なコンクリートは pH 12～13.5 の強アルカリを呈するため，これに接している鉄筋（通常は軟鋼）は不動態化しており，腐食しない．

　このように，健全なコンクリートはアルカリ性であるが，二酸化炭素の影響により pH が 10 程度まで低下すると鉄筋の腐食が始まる．コンクリート中の鉄筋の腐食劣化を外面から非破壊的に推定する方法として，鉄筋の電位を測定する方法があり，ASTM C 876-91 に測定法と判定の推定基準が規定されている．一般に，初期の健全な状態では，鉄筋は十分不動態化しているので電位は貴であり，-50〜$-150\,mV(SCE)$ を示す．鉄筋の電位が $-280\,mV(SCE)$ より卑な電位になると，腐食が発生するものと推定される．

　しかし，コンクリートは，細孔を通して外気から腐食因子である水分，酸素，二酸化炭素，塩化物イオンが浸入し，セメントペーストと反応することによって劣化が始まる．ひび割れによるコンクリートの中性化と鉄筋の腐食過程の模式図を図 6.19 に示す．ひびから浸入する因子のなかでも外気中の二酸化炭素は，コンクリート中の水分に溶け込み，遊離炭酸 $CO_2\,(aq)$ を生成し，アルカリを中和する（中性化．3.4 節(5)参照）．コンクリートが中性化しているかどうかは，コンクリートの健全性を評価するうえで重要である．コンクリートのサン

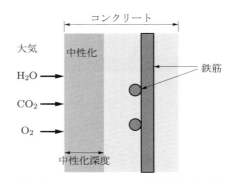

図 6.19　コンクリートの中性化進展の模式図

プル断面にpH指示薬のフェノールフタレイン溶液を吹きかけ，ピンク色に染まればアルカリ性が保持されており，着色しなければ中性化していることを表している．

また，補強材である鉄筋が腐食すると，錆によって体積膨張が起こり，コンクリート中に細隙が発生し，ひび割れ，破壊へと進展する．道路橋などで鉄筋コンクリートが経年劣化し，そこに散布された融雪剤によって鉄筋に腐食が起こる塩害が問題となっている．このような社会資本の劣化に対してさまざまな補修が行われている．

[対策]

- 塩害は，混和剤として亜硝酸塩防錆剤を添加することで抑制できる．亜硝酸塩 $NaNO_2$ は不動態化剤であるので，塩化物イオン存在下でも鉄筋表面の不動態化を促進する効果がある．しかし，塩化物イオン濃度が高い場合は，亜硝酸塩の添加量を増やす必要がある．
- 骨材とコンクリート中のアルカリ成分との反応であるアルカリ骨材反応（コンクリート中のアルカリと骨材の特定成分が反応して異常な膨張を起こす）の結果，反応生成物や吸水によりコンクリートにひび割れが生じ，それが鉄筋の腐食につながる場合がある．この対策としては，アルカリ成分（Na_2O）の少ない骨材を選定する方法がある．
- アメリカの自動車道路のように，鉄筋を軟鋼からステンレス鋼に変更したり，鉄筋に亜鉛めっきや塗装を施したりする方法もある．
- 海岸コンクリート構造物の補修には，表面被覆工法やカソード防食工法[1]が適用される．
- 断面修復を行った後，湿潤面用エポキシ樹脂塗料，水中硬化型エポキシ樹脂塗料，アクリルウレタン樹脂塗料などを塗布する．海上やスプラッシュゾーンなどカソード防食が困難なところに適用する．
- 外部電源方式には，導電性塗料方式，チタンメッシュ方式，チタングリッド方式がある．いずれも直流電源を必要とする．また，流電陽極方式には，亜鉛シート方式と亜鉛溶射方式がある．いずれも電源を必要としない．

参考文献
1) 日本コンクリート工学協会：コンクリート構造物の電気防食法研究委員会報告書，1994.

事例 13　埋設パイプラインの腐食

材料：炭素鋼管，ダクタイル，鋳鉄管

　土中に埋設されるパイプラインには，石油・天然ガスパイプラインや上下水道・工業用水用パイプラインなどがある．

(1) 石油・天然ガスパイプライン

　日本における代表的な天然ガスパイプラインには，1962年に完成した新潟県長岡油田と東京を結ぶ330 kmの天然ガスパイプラインの幹線と支線パイプラインがある．海外から輸入される液化天然ガスは，新潟で解凍されてこれらのパイプラインを通じて国内各地に供給される．海外における石油・天然ガスパイプラインは，国々にまたがり，大陸・海洋を渡る数千キロメートルに及ぶ大規模なものもある．石油・天然ガスパイプラインは，腐食により原油の漏洩が起こると，大規模な環境汚染につながる可能性があるため，腐食防止対策と日常的な保全管理が重要である．

　2006年，アラスカのプルドーベイにおける石油パイプラインで腐食事故が起こった[1]．パイプラインの鋼管内面は，腐食性の原油に対してインヒビター（防錆剤）の注入が行われていたが，竣工後約30年経過していたため，腐食孔が6×12 mm程度の大きさに達し，微生物腐食（MIC．3.4節(6)参照）やデポジットアタック（3.5節(6)参照）が起こったとされている．酷寒の地におけるこの事故は，バイパスの建設のために復旧に長時間を要し，広範囲な環境汚染とともに，莫大な経済的損失をもたらした．事故が起こる数年前に外面からの腐食漏洩が確認されており，その際には外面を保温材で保温し，テープ巻きしていたが，保温材下の結露によって腐食が進行した．

　最近ではポリエチレンライニングが行われるようになり，塗装欠陥が小さくなった結果，カソード防食の所用電流は少なくなっている．しかし，架空高圧送電線や交流電気鉄道からの誘導電流による交流腐食の発生が懸念されている．

　このような問題を事前に検出し，対策をとるためには，効率的で遠隔的なモニタリング技術を適用することなどが必要である．

(2) 水パイプライン

　水輸送用埋設パイプラインにはダクタイル鋳鉄管が用いられ，図6.20に示すように，地震や震動に耐えるように可撓性（かとうせい）を考慮した挿し込み型の接合が行

われる.ダクタイル鋳鉄管は肉厚であり,挿し込み接続されるので,通常,カソード防食は適用されない.水道用ダクタイル鋳鉄管の内面は,モルタルライニングやエポキシ樹脂粉体塗装が行われる.外面に対してはとくに耐食性が要求される場合,亜鉛溶射+合成樹脂塗装が施される.埋設時には,外面は土壌と直接触れることがないように,ポリエチレンスリーブを被せる対策がとられる.ただし,アメリカ鋳鉄管研究協会(DIPRA)による長期フィールド調査によって得られた統計的解析結果からは,ポリエチレンスリーブを施した管路の耐久性に必ずしも優位性があることが確認されてはいない[2].

　ダクタイル鋳鉄管を埋設する土壌の腐食性は,土壌の比抵抗,pH,抵抗率,Redox電位(酸化還元電位),水分,硫化物などの因子によって影響を受ける.土壌の腐食性を一義的に評価する方法は確立されていないが,アメリカのANSI規格(A21.5)では,これらの腐食性因子にそれぞれ規定したグレードの評点を与えて加算し,腐食性を総合的に評価する方法がとられている.ANSIの評点が10点以上の場合は,腐食性の強い土壌とされる.日本でもこの方法を準用して評価されることが多い.一般に,砂質,シルトなどに比べて粘土質は腐食性が高い.しかし,マクロセルの影響を受けない場合でも湿地帯,埋め立て造成地,工場跡地など特殊な立地条件では腐食性が強くなる.土壌抵抗率が低いほど鋼管の腐食速度は大きく,排水性の悪い環境ほど腐食性は強くなる.また,海成土のような海水の影響を受けている嫌気性土壌では,硫酸塩還元菌の増殖により,硫酸イオンが還元されて生成された硫化物(硫化水素,

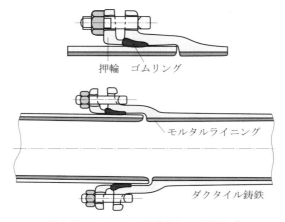

図6.20　ダクタイル鋳鉄管とK型管継手

硫化水素イオン）によって腐食が促進される．

　鋼管杭のように地表面に対して垂直方向に埋設された鋼構造物は，地表面に近い部分は酸素濃度が高く，深い部分は酸素濃度が低いので，酸素濃淡電池機構でむしろ深い部分がマクロセル腐食機構のアノードとなって腐食する．上部がフーチン基礎（構造物の荷重を良好な地盤に伝えるための基礎）に埋設され，下部に地下水帯がある場合には，コンクリート中の鋼がカソードとなって下部が腐食する．

[対策]

- 原油輸送用のパイプラインは油井によっては腐食性が著しいので，炭素鋼管に対してはインヒビターを注入し，耐食性に優れた 13% Cr 鋼などの耐食鋼材を用いる．しかし，通常の天然ガスパイプラインは管内面の腐食は軽微であるため，特段の防食措置は必要ない．
- 試験片を用いて交流電流密度を計測し，アース電極や交流誘導低減器を使って交流電圧を低減する必要がある[3]．
- 水道用ダクタイル鋳鉄管では，鋳鉄管外面が直接，土壌と接触することを避けるため，外面にポリエチレンスリーブを被せる方法がある．これにより，管とは密着していないが，管とスリーブとの間に水が入ったとしても移動が制限されるため，水中の酸素が消費され，腐食を軽減するとされている．
- ダクタイル鋳鉄管を鋼製のボルト・ナットで接合すると，ボルト・ナットが早期に腐食することがある．これは，ダクタイル鋳鉄管の外面がカソード，鋼製のボルト・ナットがアノードとなってガルバニック作用により腐食するためと考えられている．このような異種金属接触腐食の影響を回避する対策としては，ダクタイル鋳鉄管の表面積に対して酸素捕捉面積が十分小さく，異種金属接触腐食に影響を及ぼさないステンレス鋼製（SUS304，SUS316，SUS403 など）のボルト・ナットの利用がある[4]．

参考文献
1) G. A. Jacobson：*Mater. Perform.*, vol. 46, p. 26, 2007.
2) D. H. Kroon, D. Lindemuth：*Mater. Perform.*, vol. 44, p. 24, 2005.
3) 石原只雄監修：最新腐食事例解析と腐食診断法，p. 731，テクノシステム，2008.
4) 日本ダクタイル鋳鉄管協会規格 JPDAG 1040.

事例 14　埋設配管とコンクリート鉄筋とのマクロセル腐食

材料：炭素鋼管，ダクタイル，鋳鉄管

　図 6.21 に示すような給水管ルートをもつ関東・京浜地区の 12 棟からなる大規模団地において，竣工から 10 年後の 2004 年に，A 棟で建物周囲の土中に埋設されていた給水用鋳鉄管に漏水事故が発生した．その後も 15 年目には B 棟と C 棟で，また 16 年目には D 棟で同様の漏水が起こり，竣工後 16 年経過した時点で漏水部を掘り起こし修理を行うとともに腐食調査が行われた．その結果，地下約 1 m の深さに埋設された建物引込み部の横引き鋳鉄管上部に，図 6.22 に示すようなほぼ 40 × 20 mm の楕円形の腐食孔が発見された．この給水管は，150 A ダクタイル鋳鉄管で建物周囲の地下 1.2 m の深さでポンプ室から各棟に配管され，総延長は 800 m に達する．ダクタイル鋳鉄管外面は，アスファルト被覆され，埋設時にポリエチレンスリーブで被覆されていたとみられる．同様の腐食事例は，茨城県竜ヶ崎市，東京都多摩地区の大規模団地においても

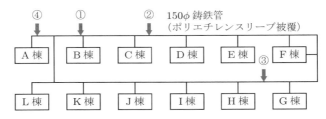

図 6.21　マンション給水管ルート図

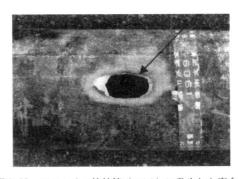

図 6.22　ダクタイル鋳鉄管（150A）に発生した腐食孔

報告されている[1]．

　この大規模団地の事例で明らかになったことをつぎにまとめる．
- 以前から水道メーターが異常に高い使用量を示していた．
- 漏水が発見された場所以外での漏水の可能性を考え，管路に沿って地上を約 20 m ごとに管対地電位（P/S）の測定が行われた．電位の測定は，径 19 mm ドリルで舗装面に管路上に沿って穴をあけ，筒状の硫酸銅電極（CSE）を差し込み，電位差計で鋳鉄管の電位が測定された．
- 電位測定は地上で基準電極（硫酸銅電極）を管路直上で管路に沿って移動させ，高感度記録計の－極に，＋極はボックス内バルブに接続した．マンション建屋周囲で測定された管対地電位（P/S）の分布を表 6.1 に示す．
- 管の電位は $-150 \sim -570$ mV(CSE) の範囲に分布しており，電位の高い部位で鉄筋との接触が考えられ，電位の低い部位で腐食の可能性が考えられた．
- AC インピーダンス測定から鉄筋コンクリート造の建物基礎（玄関ドア金具に接続）と埋設配管との抵抗値は 200 Ω 以下で，導通状態にあったことが確認された．

表 6.1　建屋近傍の電位測定結果

棟	近傍電位 [mV]	離れ [m]	電位 [mV]	電位勾配 S/S [mV·m^{-1}]	建屋基礎との回路抵抗 [Ω]	参考 土壌抵抗率
A	-150	3.4	-200	14.7	200	
B	-115	3.4	-160	13.2	100	
C	-140	3.4	-170	8.8	—	8792 Ω·cm
D	-300	3.4	-350	14.7	—	4647 Ω·cm
E	-290	3.3	-340	15.1	65	
F	-460	2.4	-520	17.6	2400	
G	-210	4.2	-310	13.8	10000〜	
H	-180	4.1	-240	14.6	110	
I	—	4.0	—	—	—	
J	-100	3.4	-320	29.7	110	
K	-150	2.9	-160	3.4	200	
L	-120	3.8	-160	10.5	160	

これらから，ダクタイル鋳鉄管は建屋内に引き込まれる部分でコンクリート中の鉄筋と接触することにより，高アルカリ性のコンクリート中の鉄筋は不動態化してカソードに，土壌中のダクタイル鋳鉄管はアノードとなってマクロセルを形成し，腐食電流は鋳鉄管から土中に向かって流れ出たものと推定される．不動態化した鉄筋とダクタイル鋳鉄管の接触部では鉄筋の電位が高いため，鋳鉄管の電位が鉄筋の電位に引っ張られて高い電位を示したものと考えられる．

かつては，このような埋設配管システムにおいて，建物周囲の土中に埋設された都市ガス管が建物内に貫入する部分でコンクリート鉄筋と接触し，土中埋設された亜鉛めっき鋼管のエルボ部がマクロセルのアノードとなって激しく腐食するマクロセル腐食（3.4節(3)参照）がみられた．ここで紹介した大規模団地の事例では，外面が塗装や樹脂ライニングされた埋設配管は，配管施工時に生じた塗覆装の損傷部がアノードとなって著しい局部腐食に見舞われた．現在では，ガス会社がこのような危険性を有する部位を事前に発見し，対策をとっているため，この種のマクロセル腐食は起こらなくなった．

[対策]

- 埋設配管の腐食による漏水，量水器の指示の異常がないかを調べ，異常があれば，地上に生じた水たまりなど，疑わしい場所を掘り起こし調査する．
- 地上から埋設配管の腐食部位を推定するためには，管対地電位（P/S）を測定する．管路直上の電位を管路に沿って測定し，電位分布を求め，建物からの距離，建物基礎との導通などを解析することによって，おおよその位置を推定して掘り起こし，補修を行う．
- 埋設配管のマクロセル腐食の防止は，コンクリート中の鉄筋と配管が接触しないようにすることが必要で，鉄管が鉄筋コンクリート壁を貫入するところでは絶縁スリーブを設けたり，配管の途中に絶縁管を挿入したりするなどの対策をとる．
- 管対地電位（P/S）測定で電位が高い部位には，マグネシウムアノードを土中に埋め込み鋳鉄管に接続すれば，ダクタイル鋳鉄管の腐食をマグネシウムアノードに肩代わりさせることができる．

参考文献
1) 石原只雄監修：最新腐食事例解析と腐食診断法，p.526，テクノシステム，2008．

事例 15　集合住宅における給排水設備の腐食

材料：樹脂ライニング鋼管

　マンションや集合住宅における給水管・給湯管や排水管などには，かつては亜鉛めっき鋼管が使われていた．生活様式の近代化に伴い，水使用量が格段に増えるとともに，赤水の発生，錆詰まりなどが設備の耐用年数である 15～20 年程度より早期に起こるようになった．これは，溶融亜鉛めっき鋼管の亜鉛めっき層が $600\,\mathrm{g/m^2}$ と薄く，当時の水質劣化問題もあって亜鉛めっき層が数年で溶失したことが原因であった．

　そこで，当時，住宅公団は，給水配管に硬質塩化ビニルライニング鋼管やポリエチレン粉体ライニング鋼管など樹脂被覆鋼管を新たに導入した．これらの樹脂ライニング鋼管は，鋼管内面に 1.5 mm 厚さ（粉体ポリエチレンライニングは 0.3～0.4 mm）の硬質塩化ビニルのライニングを施したもので，腐食障害が回避できると考えられた．しかし，エルボ，ティーズなどの継手部や銅合金製バルブなどの管接続部において著しい腐食が生じた（事例 6 参照）．現在では工場で加工することによって接続部の信頼性が高められており，塩化ビニルライニング鋼管は多く使われるようになった．

　このような技術の変遷とは別に，それぞれの材料が使用から年数が経ち，老

表 6.2　代表的な管更正工法

管更正工法	工法	特徴
ライニング管更正工法	水道用亜鉛めっき鋼管内面の錆を除去した後，塗装を施す．	錆の除去が困難である．塗膜から溶剤が溶出することがある．
脱気処理	中空糸中に水道水を流し，外部を真空引きすることにより酸素を除去する．	脱酸素効率が優れている．
カソード防食法	配管内に不溶性の電極を挿入し，配管内面をカソードになるよう直流を通電する．	配管に電極を設置するのが難しい．
カルシウム防錆工法	消石灰を水に溶かし，上澄液を給水に注入して pH を高める．	設備が大がかりになり，小規模施設では水質管理が難しい．
磁気処理法	管外面に永久磁石や電磁石を設置することにより電場を与える．	原理が不明確で，効果が明らかではない．

朽化を迎えている．マンションなどの集合住宅における老朽化した，配管設備の更新には多額の費用がかかるとともに，露出配管となるため，とくに問題視され，さまざまな管更正工法（表6.2）が行われている．樹脂ライニング鋼管が必ずしも十分な機能を発揮していないこともあり，それに代わる材料としてステンレス鋼管・銅管が一時注目されたが，現在では架橋ポリエチレン管，ポリブデン管などの樹脂管がヘッダー配管に使われている．

一方，テナントビルにおいては，排水用鋼管や鋳鉄管，とくに厨房系排水管（とくに横引き管）は厨芥物の堆積により嫌気性環境となり，硫酸塩還元菌の増殖による微生物腐食（MIC．事例32参照）により鋼管・鋳鉄管やMD継手部（排水鋼管用可撓継手）で漏水が生じるようになった．そのため，排水管に対しても管更生工法の適用が必要になっている．

［対策］

- 樹脂ライニング鋼管を用いた配管システムは，管接続部に問題がある．現場ねじ切り加工による接続工程では信頼性が十分でないので，工場加工によって信頼性を高めるなどの対策をとる必要がある．
- 給水管を甦らせる方策として提案されているライニング管更生工法，脱気処理，カソード防食法，カルシウム防錆工法などから腐食状況や用途に応じて選択する．
- 共同住宅の給水配管には，ステンレス鋼管（SUS304，SUS316）や銅管などの耐食金属管，またはポリエチレンやポリブテン管などの樹脂管を用いる．
- マンションやテナントビルなどでは，給水配管のみならず老朽化した既設の排水管（鋳鉄製可撓継手（MDジョイント））に対してもライニング管更正工法を用いるのが有効である．

事例 16　高力ボルトの遅れ破壊と水素脆性

材料：高強度鋼，ボルト

　道路用や鉄道用橋梁の長大化によって高強度の構造用鋼材が用いられ，接合部材のボルトも高強度のものが使用されている．本州四国連絡橋をはじめ大型

鋼橋の建設後，最近では，国内の新規長大橋の建設は行われなくなった．その反面，既設の鋼橋は経年劣化が進み，塩害の影響もあって，とくに腐食によるインフラの劣化が大きな問題となっている．海上橋は，高強度鋼を必要とするとともに，塗装の塗り替えには多額の費用と工事の困難を伴うため，従来の塗装を進化させる必要があり，最近ではLCC（ライフサイクルコスト）を考慮した重防食塗装の概念が本格的に取り入れられている．塩害による腐食，振動による腐食疲労，高力ボルトの遅れ破壊などの問題は建設当初から重視され，種々の技術的検討が行われている．

鋼橋用鋼材としては，JIS G 3106 溶接構造用圧延鋼材，JIS G 3114 溶接構造用耐候性熱間圧延鋼材が用いられ，高力ボルトにはクロム鋼，クロム・モリブデン鋼が用いられていたが，最近では低炭素ボロン添加鋼や耐候性鋼などが用いられている．

以前に建造された構造物には，11T 以上の高力ボルトが使われていた．1981 年頃からこれら高力ボルトの折損について調査が行われた結果，阪神高速道路における高力ボルトの折損率は F13T では 1.008%，F11T では 0.007%に達した．この折損率は必ずしも高くはないが，使用された総ボルト数が莫大な数に及ぶことや，桁からの落下により人身の損害を引き起こす安全性にもかかわるため大きな問題となった．

雨水や結露水によって濡れた鋼は，鋼上で電気化学反応により，水膜中の酸素が還元されて鉄が腐食する．また，局部腐食により酸性化した部位では，水素イオンの還元による水素発生反応により生成した原子状水素が鋼表面に吸着する．図 6.23 に示すように，吸着した水素原子 H_{ad} は結合して水素分子 H_2 となって系外に逸散すると同時に，一部の原子状水素 H_{ad} は鋼中に拡散して結晶格子中やボイドに吸蔵される．このとき，硫化物が存在すると，触媒作用により水素が鋼中に吸蔵されやすく，割れを起こしやすい．その結果，低強度鋼ではブリスター（膨れ）が生じる．高強度鋼は格子間力を低下させ破断を引き起こす．鋼中のボイド（空隙）への集積は拡散過程であるため，破壊までに時間の遅れが生じる遅れ破壊（3.5節(4)参照）となる．

遅れ破壊は，めっき工程や酸洗いなどによって発生する水素によっても引き起こされる．かつてドイツでは防錆用に施された亜鉛めっき高力ボルトが竣工後，数年で破断する事故が頻発し，めっき過程で生じた水素が原因であることが明らかになった．

事例16 高力ボルトの遅れ破壊と水素脆性

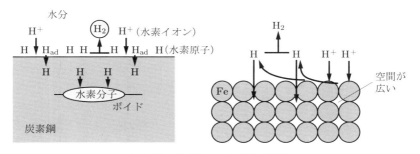

図6.23 炭素鋼への水素吸蔵過程

2013年3月，建設中のサンフランシスコのベイブリッジにおいて，2008年に製造され，コンクリート橋脚に敷設されていたアンカーロッドに対して規定の引張を与えたところ，2週間後に96本のアンカーロッドのうち，32本が破断した[1]．破断したアンカーロッド（ASTMA354 Grade BD）は，引張強さ150 ksi（105 kg/mm^2）の高張力鋼であった．機械的要件と化学的要件は基準を満たしていたため，金属学的に解析したところ，材料のミクロ組織が不均一で硬度が局部的に高い部分があったことが明らかになった．一部のアンカーロッドは長い間，水に浸かっていてその間に亜鉛めっき層と鋼とのガルバニック作用によって水素が発生し，アンカーロッドの鋼材に吸蔵されたものと推定され，水素脆性（HE）によるものと結論づけられた．水素脆性は，亜鉛めっきの過程で鋼中にトラップされた水素が張力の負荷によりすみやかに解放されたことが原因であった．水素脆性は，材料・水素・引張応力の三要素が重畳した条件で起こる．これに伴い，2010年以降に製造されたアンカーロッドについて各種の実験が行われ，応力レベルを低くした条件で監視されているが，これまで水素脆性は起こっていない．

サンフランシスコのベイブリッジの水素脆性に関しては，2008年に製造された96個のアンカーロッドがコンクリートに埋め込まれて使われている．これらは交換が難しいため，除湿行うなどの予防措置がとられている．また，大型の鋼製サドルを被せ，元のアンカーロッドと同じレベルの引張応力を与え，肩代わりさせる対策がとられた．

現在，高力ボルトの強度は10 T（1000 N/mm^2）のものが一般的で，溶融亜鉛めっきしたものは8 T（800 N/mm^2）が用いられ，11 T以上のものは使われていない．ボルト締結施工を行ってからしばらくの間，塗装が施工されずに放

置された場合には，その間の腐食により発生した水素が鋼中に導入されることがあるので，リン酸塩皮膜処理を行った防錆処理高力ボルトや耐候性鋼製のボルトが使用されている．

[対策]
- 高力ボルトや高強度鋼の遅れ破壊を防止するには，過大な強度の鋼を使用しない．10T以下の高強度鋼，溶融亜鉛めっき鋼の場合は8T以下とする．
- 水素発生の原因である腐食を防止するためには，リン酸塩皮膜処理による防食被覆を行う．
- 亜鉛めっきなどの水溶液めっきで防食する場合は，吸蔵された水素を取り除くために低温熱処理（ベーキング）を行う．

参考文献
1) Y. Chung : *Mater. Perform.*, vol 53, p. 58, 2014.

事例 17　塗装鋼の塗膜下腐食と経年劣化

材料：炭素鋼

　金属表面を被覆する塗装は，塗膜によって被防食体を腐食性環境から遮断するもので，古くから広く行われている防食法である．しかし，塗膜は有機質であるため天然環境下でも酸化による経年劣化は避けられず，健全に施工されても表面から徐々に粉化していく白亜化（チョーキング）が起こる．また，大気下では紫外線を受けて，塗膜は有機物質の架橋構造が分解して劣化していく．

　塗装鋼は，腐食に伴いまず塗膜を通して水分や水蒸気が透過し，それに伴って酸素も拡散して塗膜を透過するため劣化が進む．図6.24に示すように，水分と酸素が鋼素地に達すると，塗膜下で腐食電池が形成される．その結果，カソード部では酸素還元反応によってOH^-が生成されてアルカリ性となり，次第に塗膜は劣化し膨れを生じる．同様に，アノード部は局部的に酸性化すると，水素発生型腐食（3.1節参照）により塗膜下で水素ガスを生じて膨れが生じる．塩害を被る地帯では，塩化物イオンが水分とともに塗膜中を透過して塗膜の劣化を早める．塗膜の鋼素地に対する付着性を高めるためには，錆を完全に除去

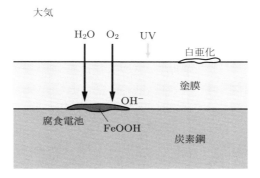

図 6.24　塗膜下腐食の模式図

する必要があり，対象構造物によってブラスト処理など下地処理のグレードが規定されている．

　従来は塗膜劣化に対して頻繁な塗り替えを行っていたが，環境問題，LCC の観点からこれが大きな課題であった．そこで，より耐久性のある重防食塗装（5.2 節参照）の考え方が普及した．重防食塗装は，塗り替え回数を減らすことが可能になり，近年，地球温暖化の問題から削減が求められている VOC（揮発性有機化合物．5.2 節参照）を減らすことにつながる．現在，重防食塗装は，橋梁，建物，船舶，コンクリートなどさまざまな分野で施工されている．

　1988 年に竣工した瀬戸大橋では，耐久性や防錆性を高めるため，はじめて重防食塗装の考え方が用いられ，第一層として厚膜型ジンクリッチペイント，第二層としてミストコート，第三層，第四層として厚膜型エポキシ樹脂塗料，第五層としてポリウレタン樹脂塗料（中塗り），第六層としてポリウレタン樹脂塗料（上塗り）と，六層の塗装が施された．中塗り，上塗りにポリウレタン樹脂系塗料が選ばれたのは，耐候性に優れているためである．最近では，常温硬化型フッ素樹脂塗料がもっとも耐候性に優れた塗料として注目されている．フッ素樹脂塗料は，フルオロオレフィンとビニルエーテルの共重合体から構成され，硬化剤としてポリイソシアネートが用いられている．2012 年に竣工したスカイツリーは，上塗りにフッ素樹脂塗料が用いられており，20 年以上の耐久性（塗り替え期間）が期待されている．

[対策]

- 塗装時に発生するVOC（揮発性有機化合物）の発生を抑制するには，低溶剤型塗料，水性塗料を用いる．
- 水分，酸素，塩化物の透過を遅らせるため，厚い塗膜を多層に施す，耐久性のある塗装を行う．
- 塗膜やコーティングは塗装欠陥（ホリデー）を避けられないので，海中や水中の構造物に対しては，塗装やコーティングによって生じるピンホールからの腐食を防止するためにカソード防食を適用する．船舶外板や埋設パイプラインでは，塗装を施した上にカソード防食を適用している．

事例 18　カソード防食と適用条件

材料：炭素鋼，アルミニウム合金

　海水中の船舶や，鋼構造物，土中埋設パイプラインの効果的な防食方法として，被防食体に直流を印加するカソード防食（5.3節参照）がある．

　カソード防食は，防食電流により，被防食鋼構造物の電位を一定電位以下に低下させて腐食を抑制するものであり，陸上（土中埋設）パイプラインに対しては $-850\,\mathrm{mV}$（CSE），海底パイプラインに対しては $-0.80\sim0.90\,\mathrm{V}$（SCE）以下と環境条件によってカソード防食基準が定められている．海水は電気伝導率が高いために防食電流を効率的に流すことができるが，河川水，湖水などの淡水は電気伝導率が低いために電流分布が悪く，鋼構造物の裏側，隅部の電流が不足する．オーステナイト系ステンレス鋼製タンク，貯湯槽に対しては，溶接線に沿って白金被覆チタン線を張り巡らせて内面をカソード防食することによって応力腐食割れを予防する方法がとられることがある．また，劣化した鉄筋コンクリート中の鉄筋の腐食劣化に対しても，メッシュ状のアノードを被覆してカソード防食が適用される．大気環境では，湿分があっても有効な電解質層がないために防食効果が得られない．また，海上大気環境では，鋼板上に薄い水膜ができる状況や海水飛沫帯ではカソード防食の効果はない．海水面上の飛沫帯では防食電流が流れにくいので，チタンや耐食金属シートによる被覆防食を行うのが一般的である．

通常，鋼構造物にカソード防食を行う場合でも，塗装を施した上に，カソード防食を行う．

カソード防食は，アルミニウム合金や亜鉛合金，マグネシウム合金をアノードとする流電陽極法（犠牲陽極法）と，白金・貴金属酸化物（MMO電極）や高ケイ素鋳鉄などの不溶性ないし難溶解性電極を対極として商用電源を整流した直流を被防食体に印加する外部電源法がある．パイプラインなど土中埋設配管に対しては，塗覆装を施した埋設鋼管にマグネシウム合金を用いる流電陽極法や，高ケイ素鋳鉄を対極とした外部電源法が適用される．

カソード防食施工において遭遇するトラブルとしては，つぎのことがある．

(1) 過防食

カソード防食を適用するにあたっては，適正な電流や電位条件に保持できること，かつ経済性が求められる．カソード防食電位やカソード防食電流は，代表的な環境条件に対して適正値や標準値が提案されているが，特殊な環境ではあらかじめ実験や過去の使用実績に基づいて適正値を求める必要がある．過大なカソード電流が適用されると，溶存酸素の還元反応の結果，鋼表面と海水との界面のpHが上昇し，アルカリ性を呈するようになり，塗膜の陰極剥離（cathodic disbanding）によって耐食性の劣化が起こる．また，海水中で界面のpHが10以上になると，炭酸カルシウム$CaCO_3$や水酸化マグネシウム$Mg(OH)_2$などの石灰質沈殿物が析出して鋼表面を被覆し，それによって防食電流を低減する効果がある（エレクトロコーティング）．しかし，過大なカソード電流が印加されると水素発生反応が起こり，とくに高強度鋼に対して過防食下で水素を吸収して水素脆性を引き起こす可能性がある．海底パイプラインに対しては最大マイナス電位 $-1.10\,V(SCE)$ が規定されており，高張力鋼に対しては水素脆性を誘起しないことを確認しなければならない[1]．タンク内面のカソード防食では，長時間電流が流れたままの場合は水素ガスが蓄積する可能性がある．

(2) 電気的干渉作用[1]

外部電源法により埋設配管に土中で一定電圧をかけてカソード防食を適用する場合，アノードとカソードの間に他の金属構造体があると，片側から防食電流が流入し，もう一方の電流が流出する側で腐食（電食）が発生する．図6.25に示すように，埋設パイプラインのアノード電極近傍に他社のパイプラインが設置されていると，それに防食電流の一部が流入し，電源に戻る際に第三者

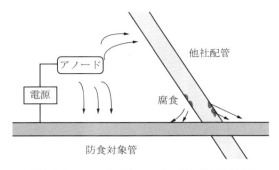

図 6.25 カソード防食における電気的干渉作用

(他社)のパイプラインから電流が流出して電源に戻る回路が生じ，パイプラインから環境に電流が流出する部分で腐食する．このような現象は電気的干渉作用によるものである．

(3) 鉄筋コンクリートと土中鋼構造物のマクロセル腐食

鉄筋コンクリート構造物と土中にまたがる水道用塗覆装鋼管に対しては，コンクリート/土壌マクロセル腐食により土中部で塗覆装鋼管に局部腐食を生じる．

[対策]
- アルミニウム合金にカソード防食を適用すると，水酸化物イオンが生成されて pH が高まり，アルカリ腐食（3.4 節(7)参照）を引き起こすため，過防食にならないように注意する必要がある．
- フェライト系やマルテンサイト系高強度鋼は，水素脆性感受性が高いのでカソード防食の適用は避ける．
- 密閉容器内のカソード防食は，水素ガスが蓄積しないように時々開放するか，カソード防食を停止する必要がある．
- アノードとカソードを取り違える初歩的な誤りを犯す事例もある．これは，電気化学の知識不足が原因である．このため，カソード防食の原理を十分理解することが大切である．
- カソード防食は，長期的な効果を維持するために，規定の防食電位が維持されているかどうかを監視し，定期的にメンテナンスを行う必要がある．
- 鉄筋コンクリートと土中鋼構造物のマクロセル腐食に対して，日本水道鋼管協会は，水道用塗覆装鋼管の電気防食指針においてマグネシウムによる

近接陽極法を導入して腐食を防止することを推奨している．

参考文献
1) 電食防止研究委員会編：電食防止・電気防食用語辞典，オーム社，2013．

事例 19　インヒビターによる腐食防止

材料：炭素鋼，銅

インヒビター（防錆剤．5.4 節参照）は，表 5.3 に示したように，用途や機能によりいくつかの種類に分類できる．もっとも効果的なインヒビターは被防食体に単分子層の薄い防食層を形成するものである．酸性溶液中では金属表面に酸化膜が生成されないので，金属表面に極性基をもった分子が直接吸着できる．吸着型インヒビターはこれを利用した代表的なインヒビターである（図 6.26（a））．鋼材の酸洗いには有機物系の吸着型インヒビターが用いられる．塩酸や硫酸などの酸性溶液で脱スケールを行う場合は，酸性溶液に浸漬して酸化物の溶解度を高めて錆を除去し，インヒビターを用いて露出した鋼素地が酸性溶液で腐食するのを防止する．アミンインヒビターは，アルキルアミンが鉄表面に $Fe + RH_3N: \longrightarrow Fe:NH_3R$ のように，Fe の空の d 軌道と N の非共有電子対を使って結合する化学吸着による腐食抑制作用を利用した代表的なインヒビターである．酸性溶液によって鉄が腐食すると水素が発生し，水素脆性の原因になるので，インヒビターによる腐食抑制が必要になる．

アノードインヒビターは，薬剤の微量注入で金属表面に薄い不動態皮膜を形成させるタイプのものである．古くから用いられてきたクロム酸塩 $Cr_2O_7^{2-}$ は，微量注入により炭素鋼表面に不動態皮膜を形成する（図 6.26（b））．クロム酸塩は有毒な六価クロムを含むので現在は使用されなくなっているが，同様の効果を示す毒性の少ない亜硝酸塩 $NaNO_2$ は，水道水や工業用水を扱う冷却水・冷温水配管の腐食防止に使用されている．このインヒビターは錆を伴った鋼管にも作用することが知られているが，かなり高濃度（1000 mg/L $NaNO_2$ として）でなければ効果を発揮しない．モリブデン酸塩 MoO_4^{2-} は不動態化作用を有するインヒビターであるが，モリブデン酸塩だけでは不動態化は不十分で，共同作用する溶存酸素が必要である．不動態型インヒビターは，塩化物イオン

を含むと不動態皮膜を破壊して局部腐食を誘発することがある．

　小型貫流ボイラをはじめ水道水や工業用水を給水として使用する低圧ボイラでは，遊離炭酸を含む還水により蒸気還水管（炭素鋼管）で著しい腐食を生じることがある（炭酸腐食．事例8参照）．その対策として，皮膜性アミンや中和性アミンが用いられるが，遊離炭酸濃度が高い場合には中和性アミンの濃度を高くしなければならない．そのような場合は，単分子層の皮膜を形成する皮膜性アミンが有効である．

　ポリリン酸塩は炭素鋼に対してより厚い沈殿皮膜を形成し，それが酸素還元反応の拡散障壁になると考えられており，Ca^{2+} や Zn^{2+} との共存でより耐食性が高まる．銅や銅合金に対するベンゾトリアゾール（BTA）は，銅表面に形成される酸化銅（I）Cu_2O 皮膜と結合して保護層を形成し，優れた耐食性を示すことが知られている（図6.26（a））．鋼材の包装や梱包には気化性防錆剤（VCI）が用いられる．密封した空間や包装紙に VCI を使用して薬剤を気化させて鋼材表面に付着させる．VCI は一時防錆として用いられるが，それは次工程で容易に除去できるためである．

　脱酸素剤（スカベンジャー）は水中の微量の溶存酸素を化学的に除去する薬

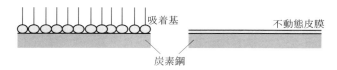

（a）吸着型インヒビター　　　　（b）不動態型インヒビター

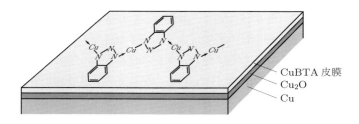

（c）沈殿皮膜型インヒビター（ポーリングモデルの模式図）

図6.26　インヒビターの防食機構

剤であるが，これも一種のインヒビターに分類される．中でもヒドラジン N_2H_4 は効果的な脱酸素剤として知られ，ボイラ給水の脱酸素に利用されてきたが，発がん性の疑いがあり，現在では使用が制限されている．

　市販の防錆剤は腐食防止薬剤以外にもpH調整剤やスライム防止剤などを含み，炭素鋼管や銅合金製熱交換器などを含むシステムには銅合金用防錆剤が同時に複合添加されている．

[対策]

- クロム酸塩・亜硝酸塩は不動態型インヒビターで，塩化物イオン濃度が高い環境では局部腐食の発生を防止するためにインヒビター濃度を高める．
- 酸化型インヒビターである亜硝酸塩は密閉系熱交換器や配管系に用いられるが，硝化細菌（ニトロバクター）が存在すると亜硝酸塩が硝酸塩に酸化され，酸化力が失われる．このため，一過性の場合や液が循環する環境では濃度を監視するか，腐食速度のモニタリングを行うことによってインヒビター注入装置にフィードバックする必要がある．
- インヒビターの使用にあたっては腐食防止効果だけでなく，排水による人体への影響や毒性に対する注意が必要である．食品を扱うボイラの場合は，酸素と結合して硫酸イオンとして水中にとどまり，蒸気に移行しない亜硫酸ナトリウム Na_2SO_3 を給水の脱酸素剤として用いられる．

事例 20　高温水中のアルカリ腐食

材料：アルミニウム，亜鉛，炭素鋼

　多管式小型貫流ボイラでは水位が水管の中位に設定され，通常運転では缶水が水管内で激しく流動し，管内面はつねに水膜で覆われた状態にあるため，過熱されてアルカリが濃縮されることはない．しかし，水質や負荷の条件，バーナーの入・切の条件によっては水管の上部が過熱されてアルカリの生成と濃縮が起こり，アルカリ腐食（3.4節(7)参照）により破損が起こることがある．ボイラ缶水のpHは11.0〜11.8に維持されるのが適切であるが，pH 13以上になると保護皮膜の溶解度が高くなって保護性が失われ，アルカリ腐食の領域に入る．

　火力発電用高圧ボイラでは，脱酸素とともに給水のpHは9.5〜11.0（常温）

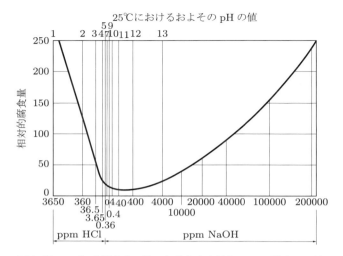

図6.27 310℃高温水中の鉄の相対的腐食量とNaOH濃度の関係
（[出典] H. H. Uhlig : *Corrosion and Corrosion Control*, p.251, John & Wiley & Sons, Inc., 1965.）

に調整する．高圧ボイラでは，NaOHやNH₃などのアルカリ剤を注入する．310℃高温水中の鉄の相対的腐食量とNaOH濃度の関係を図6.27に示す．図からわかるように，pH 11付近（25℃における値，40 ppm NaOHに相当）で相対的腐食量がもっとも少なく，pH 11以上ではNaOH濃度が増すとともに相対的腐食量が増大する．このため，ボイラ稼働中にリベットや溶接すき間部，酸化物スケールの下で過熱されると，遊離アルカリが生成される．この遊離アルカリがアルカリ濃縮を起こし，残留応力によってアルカリ脆性による破壊事故が起こった事例がある．このため，過熱部（ホットスポット）でアルカリの生成を防ぐために，古くからリン酸塩 Na_3PO_4 を加えて pH 緩衝作用の付与が行われている．アルカリ剤としてアンモニア NH_3，脱酸素剤としてヒドラジン N_2H_4 を使用すれば，揮発性物質としてボイラ系の溶解残留物質を低く抑えることができる．この方法を揮発性物質処理（all volatile treatment：AVT）という．

PWR原子力発電プラントにおいてもアルカリ腐食が起こっている．二次系のインコネル600合金製伝熱管（SG）では，当初，火力発電の水処理技術を踏襲して，pHの緩衝作用があって遊離アルカリの生成を抑制する効果が期待できるリン酸塩処理が行われていたが[1]，1972～1973年頃，二次系のSGと支持

板のすき間部にスラッジの堆積やリン酸塩の濃縮による遊離アルカリが生成されて粒界腐食型応力腐食割れ（inter granular attack/stress corrosion cracking：IGA/SCC）を生じた．

[対策]
- 当初から高温高濃度のアルカリが予想される場合は，ニッケル合金やステンレス鋼などの耐アルカリ性材料を用いる．
- ボイラ缶水のように pH 11〜11.5 のアルカリ性環境であっても，過熱や流動しにくいすき間環境ではアルカリの濃縮が起こり，pH 13 以上になると，アルカリ腐食による障害が生じやすい．このようなアルカリ腐食を防止するためには，過熱が生じないような水位の制御，バーナーの入・切回数を調整する必要がある．
- 火力発電プラントにおける腐食防止には，脱酸素装置やヒドラジンを用いて溶存酸素濃度を制御し，リン酸塩 Na_3PO_4 やアンモニアを用いて pH を調整する．

参考文献
1) 石原只雄監修：最新腐食事例解析と腐食診断法，p.905，テクノシステム，2008．

事例 21　硫酸露点腐食と塩酸露点腐食

材料：炭素鋼

石炭や重油を燃料とするボイラ節炭器（エコノマイザー），空気予熱器，集塵機，煙道などの排煙処理設備では，温度が低い部位において凝縮した硫酸が鋼管を著しく腐食させる事例がある．

重油中に含まれる硫黄 S は，燃焼すると排ガス中で亜硫酸ガス SO_2 となる．酸化性が強いと SO_2 は酸化し，SO_3 となり，水分によって低温部で露点に達し，硫酸となって鋼表面に凝縮する．このように，硫酸酸性水膜が鋼の表面を覆って起こる腐食を**硫酸露点腐食**という．排ガス中に水分を含み亜硫酸濃度が高いほど露点に達する温度は高くなり，凝縮する硫酸濃度は高くなる．鉄の腐食量と金属表面温度の関係を図 6.28 に示す．露点は 149 ℃である．鉄の腐食量は

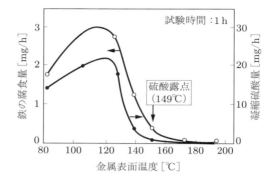

図 6.28 金属表面温度に対する凝縮硫酸量と鉄の腐食量
([出典] D. Gling, R. W. Kear : *J., Appl. Chem.*, p. 388, 1951.)

凝縮硫酸量に比例しており，110～120℃付近で腐食がもっとも著しい．このように，実機においては露点温度よりも 20～60℃低いところで鋼の腐食が著しい．これを**低温腐食**という．実機では，硫酸濃度のみならず未燃焼炭素が触媒的に作用し，硫酸のみの場合よりも腐食が著しくなることが知られている．現在では，硫酸露点腐食の対策として，脱硫装置を設置し，重油中の硫黄を除去するようになったため，硫酸露点腐食も減少した．

　一方，廃棄物焼却施設においては，食品ごみやプラスチックなどの燃焼ガス中に高濃度の塩酸 HCl が含まれる．硫酸の場合と異なり，高濃度の塩酸でも露点上昇効果は少なく，高濃度の塩酸の凝縮により金属塩化物を生成するが，不動態皮膜は形成されにくく，著しい腐食を引き起こす．これを**塩酸露点腐食**という．塩酸濃度による塩酸露点の変化を図 6.29 に示す．ダイオキシン対策の

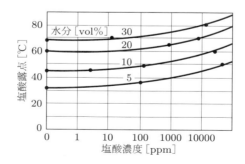

図 6.29 塩酸濃度による塩酸露点の変化
([出典] 藤田：燃料および燃焼, 42, 6, p. 508, 1975.)

ために排ガス温度を下げる傾向があるが，これにより塩酸露点腐食を生じやすくなる．塩酸露点は低温域にあり，塩酸濃度の変化による露点の変化は小さい．

[対策]

- 硫酸露点腐食を抑制するには，低硫黄重油を使用するか，硫黄量の低い燃料に変更する．天然ガスやLPGは硫黄量が少なく，硫酸露点腐食は生じない．かつては水酸化マグネシウムやドロマイトなどのアルカリ剤を注入し，生成するSO_3の濃度を大幅に低減していたが，現在は脱硫対策が進み，この方法は行われなくなった．
- 硫酸は凝縮すると腐食性が著しく，露点が高い場合にはSUS304系のステンレス鋼の不動態皮膜では耐えられないことが多い．このため，硫酸露点腐食に対しては，ステンレス鋼よりもむしろ耐候性鋼のほうが耐食性に優れている．耐硫酸露点腐食鋼としてよく用いられる(1-2)Cr-0.5Si-0.3Cuを含む低合金鋼は，腐食生成物としてやや厚いが緻密な錆層を形成することによって腐食を抑制することができる．たとえば，ボイラ空気予熱器出口の低温部では，耐候性鋼は軟鋼より腐食量は1/3～1/4に減少する．ただ，かさ高い錆層によって腐食を防止する低合金鋼は，錆の剥離や飛散を生じることがある．
- 煙突硫酸露点腐食の環境下でメンテナンスフリーにしたい場合は，20Cr-15Ni-3Mo系や20Cr-18Ni-6Mo系の高級ステンレス鋼を適用する．
- ステンレス鋼は，塩化物イオンにより不動態皮膜が破壊されるので，塩酸露点腐食に対しては，ステンレス鋼よりむしろ低合金系鋼材のほうが耐食性に優れている．耐腐食材料として銅Cu，アンチモンSb，ニッケルNiなどを含む低合金鋼が開発されている．

事例 22　塩害による腐食

材料：炭素鋼，ステンレス鋼

　海岸地帯や離島など，潮風や海塩粒子の影響を受ける地域の自動車，本州四国連絡橋などの海上橋，海岸近くの鋼橋や送電鉄塔，凍結防止剤を散布する地域の自動車，海水の影響を受ける鉄筋コンクリートなど，塩害による腐食事例

表 6.3 亜鉛めっきの環境別耐久性

（[出典] 防錆・防食技術総覧編集委員会：防錆・防食技術総覧, p.210, 産業技術サービスセンター, 2000.）

曝露試験地域	腐食速度 g/(m²·y)	平均 g/(m²·y)	耐用年数 y
重工業地帯	12～18	15	36
都市地帯	12～18	15	36
海岸地帯	11～14	13	42
田園地帯	8～12	10	54
山間地帯	3～8	6	90

備考 1) 上記数値は，（社）日本溶融亜鉛鍍金協会による5年間（1992～1997年）の大気曝露試験結果から計算した．
2) 耐用年数は，亜鉛付着量 $600\,g/m^2$ の場合であってめっき皮膜の90％が消耗するまでの期間を計算した．

表 6.4 Zn-Al 合金めっきの環境別腐食減量

（[出典] 防錆・防食技術総覧編集委員会：防錆・防食技術総覧, p.214, 産業技術サービスセンター, 2000.）

曝露地	年間腐食減量 [g/(m²·y)]　（　）は μm		
	溶融亜鉛めっき	Zn-5% Al 合金めっき	55% Al-Zn 合金めっき
沖縄（1）	17.3 (2.4)	10 (1.4)	4.7 (1.1)
沖縄（2）	11.1 (1.5)	8.3 (1.2)	3.9 (0.9)
奈良	4.5 (0.6)	3.1 (0.5)	1.8 (0.4)
奈良湖	33.9 (4.7)	9.8 (1.4)	3.9 (0.9)
横浜	9.3 (1.3)	7.5 (1.1)	3.9 (0.9)

は多い．

　溶融亜鉛めっき鋼は塩害に対する耐久性に優れているため，古くからパイプ，トタン屋根，送電鉄塔などに広く使われている．溶融亜鉛めっき鋼は，亜鉛付着量が多いほど耐久性に優れている．溶融亜鉛めっき鋼の大気曝露試験（10年間）から推定された溶融亜鉛めっきの環境別の推定耐用年数を表 6.3 に示す．耐久性は，海岸地帯では田園地帯に比べて劣るものの，都市地帯や重工業地帯に比べればかなり良好である．溶融亜鉛めっき鋼は，高度経済成長期の環境汚染の深刻な時代には排出される亜硫酸ガスによる腐食が著しかったが，現在では自動車による排ガスの影響に加えて塩害による腐食が顕著になっている．表 6.4 は，溶融亜鉛めっき鋼に対する Zn-Al 合金めっきの環境別腐食減量である．

アルミニウム Al を合金化した溶融亜鉛めっきはいずれの環境においても優れた耐食性を示し，塩害にも強い．

塩害によるステンレス鋼の腐食事例としては，海岸沿いの通信設備に設置した SUS304 ステンレス鋼製錠が，塩害により約 3 ヶ月後に茶褐色の斑点状に発錆する腐食が起こり，機能的に問題になるような錆ではなかったものの，美観を損う状態になった事例などがある．

海岸地帯では，電子部品が屋内や保護ケースに入っている場合でも，温度変化による呼吸作用や点検や修理時に生じる塩化物の侵入などによって塩害による腐食が起こることがある．たとえば，α アルミナ基板上の銅配線がイオンマイグレーション（事例 65 参照）によって短絡・絶縁不良を起こす場合などである．

相対湿度が低い環境であっても，水分を鋼表面に付着させるように海水飛沫や海塩粒子がはたらくため，濡れやすくなり，水膜が電解質となって腐食反応を誘起する．また，飛沫帯では，乾湿の繰り返し，昼夜における気温の変動によって水分中の塩化物イオンが濃縮するため，腐食しやすい．亜熱帯地域では，湿潤で温度が高くなるので激しい腐食に見舞われる．凝縮臨界湿度は塩類によって異なるが，フラックスに用いる塩化亜鉛 $ZnCl_2 \cdot 1.5H_2O$ は相対湿度 10% でも凝縮が起こる．このため，製造工程において残渣が生じないようにする必要がある[1]．

銚子，宮古島，西原（沖縄），マイアミ（アメリカ）で実施された（一財）日本ウエザリングテストセンター曝露試験場による 10 年間の大気曝露試験結果によると，宮古島は塩害の影響が著しく，炭素鋼（SM400B），耐候性鋼（SMA490BW）の腐食は銚子試験場の 3.5〜8.5 倍高い腐食量を示した．亜鉛は 1.67 倍，銅は 2.20 倍に対してアルミニウムは 1.2 倍程度であったが，SUS304 は 5.4 倍を示し，耐食性が不十分であった．しかし，SUS329J4L はほとんど変化がなく，塩害環境でも優れた耐食性を示した．

ステンレス鋼は不動態皮膜によって耐食性を維持しているので，塩化物イオンにより不動態皮膜が破壊されると孔食が生じる．したがって，耐孔食性に優れた高クロムステンレス鋼ほど塩害に強い．同様の理由でチタンは塩害に強い．一方，銅合金の腐食はカソード反応支配であるため，塩害によって保護皮膜が破壊されることは少ない．

[対策]

- 海岸地帯の送電鉄塔などは，塩害腐食の対策として，亜鉛めっき鋼にアルキッド樹脂塗料，ポリウレタン樹脂塗料を塗装する．
- 溶融亜鉛めっきより耐食性が優れている 55% Al-Zn 合金めっき，Zn-5% Al 合金めっきを用いることも塩害の対策になる．
- 海岸地帯以外でも，直接，風雨が当たらない鋼構造物の内部は，湿潤状態になること，防食仕様が外面より低レベルであることなどの理由から腐食が著しいので，上記の対策が有効である．
- カナダや北欧では，塩化カルシウム $CaCl_2$ や塩化ナトリウム $NaCl$ など，大量に散布される融雪剤による自動車の塩害腐食が著しかったため，1970〜80年にかけて自動車メーカーには防錆基準（カナダ防錆コード）が適用された．それに従えば，合金亜鉛めっき，溶融亜鉛めっき鋼板の加熱合金化，亜鉛めっき表面へのクロメート処理，めっき面へのジンクリッチ塗装などが塩害対策として有効である．
- 海砂を使用する鉄筋コンクリートは，コンクリートに含まれる塩化物の影響を受けることに加えて，環境側からも細孔や割れを通して塩化物が侵入するため，鉄筋表面の不動態皮膜の破壊による孔食状の腐食が起こりやすい．いったん，腐食が始まると生成した錆の体積膨張により急速に腐食が進展するため，定期的にコンクリート中の塩化物濃度を測定し，潜伏期間中に腐食状態を検知することが重要である．補修工法は状況によって，塗装を施す方法やカソード防食を適用する．
- ステンレス鋼は美観上，変色程度でも許容されないことが多く，SUS316L クラスでは不十分である．また，海水による塩害に耐えるためには，耐孔食指数 $PRE > 40$ のスーパーステンレス鋼を使用する必要がある．

参考文献
1) 石原只雄監修：金属の腐食事例と各種防食対策，p.198，テクノシステム，1993．

事例 23　開放系冷却水配管の腐食と水処理

材料：炭素鋼，銅

　日本では，石油化学，重化学工業の発展，また，ビル空調設備における冷却水の需要増による設備の大規模化により，水道水や工業用水が多量に必要となった．しかし，供給量は限られているため，冷却水は循環使用や高濃縮運転を行う必要があり，冷却塔を介して水を強制循環させる開放循環式冷却方式（図6.30）が広く採用されるようになった．開放循環式冷却水系では，水の経済性の観点から5倍濃縮（5N）や10倍濃縮運転（10N）が行われている．溶解塩類が濃縮すると，腐食性アニオンである塩化物イオンや硫酸イオン濃度も増大するので，炭素鋼をはじめとする配管の腐食を促進するように思えるが，炭素鋼の腐食は必ずしも腐食性アニオン濃度に比例しない．炭素鋼の腐食に及ぼす濃縮（N）の影響を図6.31に示す．濃縮倍数が高くなると，腐食速度は低下する．濃縮倍数が増大すると，塩化物イオン濃度も比例して増大するが，腐食速度が低下するのは，炭酸カルシウムの飽和析出傾向（ランゲリア飽和指数LSIが正）によって腐食性が抑制されるためと考えられる．

　欧米では冷却水配管に炭素鋼管（黒）を使用するのが一般的であるが，日本では一般に亜鉛めっき鋼管（白）が用いられている．熱交換によって温度が高くなった冷却水は，冷却塔において雨滴状に降らせて熱を放散する．水を強制

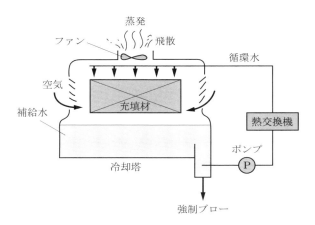

図6.30　開放循環冷却方式の模式図

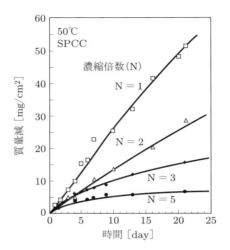

図 6.31　炭素鋼の腐食に及ぼす濃縮の影響
（[出典] 高崎新一：第 59 回技術セミナー資料, p. 23, 腐食防食学会, 2012.）

循環させると，冷却塔での水の蒸発により，溶解塩類が濃縮するとともに，大気中の汚染ガスを取り込み，汚れを生じてスケール生成，スライム生成，腐食劣化などのさまざまな障害が起こる．これらを防ぐには，腐食防止や，スケール防止，スライム防止のための薬剤を混合した水処理剤を使用し，濃度を管理することがもっとも効率的である．スケールは，炭酸カルシウム $CaCO_3$ や水酸化マグネシウム $Mg(OH)_2$ からなり，スケールの析出はランゲリア飽和指数 LSI（3.7 節参照）が正値に達すると起こる．スライムとは，細菌，カビ，藻類が土砂などに混じった微生物を主体とする軟泥状の物質のことである．一方，防食剤として使われるクロメートは人体に有毒であり，またリン排出による富栄養化，排水規制，水系感染症などの問題があり，その時々に水処理薬剤の改良が進められてきた．水処理剤の特徴を表 6.5 に示す．今日の水処理剤は防食，防スケール，スライムコントロールなど総合的に含む構成になっている．

　冷却水系では，まず亜鉛めっき鋼管が腐食し，それに伴って漏水して，銅や銅合金製熱交換器の腐食が起こり，早期にピンホールの障害を生じる事例がしばしば起こる．1960 年代の大気汚染の深刻な時期には，冷却水がビルの排気筒からの廃ガス中の亜硫酸ガスを吸収し，硫酸イオン濃度が 200〜2000 ppm にも達し，pH 3 以下に酸性化することによって，冷凍空調機の凝縮部に用いる銅管が潰食により漏水する事故がみられた．しかし一方では，スケール障害は

表6.5 冷却水用腐食抑制剤の例（[出典] 腐食防食協会淡水腐食小委員会資料.）

設備用途	冷却水	特徴
目的	防食，防スケール，スライムコントロール	抗レジオネラ属菌に対する薬剤を含む
主成分	ホスホン酸塩（有機リン酸）	銅系防食剤（ベンゾトリアゾールやアゾール化合物）
	高分子ポリマー（非リン系）	
	クロム酸塩，モリブデン酸塩，亜硝酸塩（不動態化膜形成）	
製品pH	pH 2～13　酸性またはアルカリ性	
維持管理濃度	80～120 mg/L，200 mg/L 以上など	
濃度管理成分	ポリマー濃度，ホスホン酸，不動態化剤	
防食皮膜・機構	ポリマー金属塩，吸着皮膜	金属塩皮膜，吸着皮膜，不動態皮膜による防食
防食対象金属	鉄，銅	鉄：配管，銅：熱交換器
適用水質	pH 7.0～9.0，8.0～9.5，6.5～9.0	
備考	非リン，低リン，非重金属，抗レジオネラ	

酸性化により比較的少なかった．

その後，大気汚染の状況は著しく改善され，循環水のpHがほぼ中性に回復すると腐食障害は減少した．しかし，亜鉛めっき鋼管に特有な極性逆転による孔食がみられるようになり，また，スケール障害やスライム付着が著しくなり，スケール防止の水処理が重要になった．

水処理剤には重合リン酸塩や正リン酸塩が防食剤として加えられており，水中のカルシウムイオンと不溶性の沈殿皮膜を形成することによって腐食を抑制している．

かつてはリン酸塩が多く用いられていたが，富栄養化の問題もあって低リン化が進んでいる．高濃縮運転が行われる場合には有機リン酸塩系のホスホン酸塩が広く用いられている．ホスホン酸処理はスケール防止とともに沈殿皮膜を形成して優れた防食効果を示す．また，亜鉛を添加した皮膜形成亜鉛処理が炭素鋼カソード部に作用して優れた防食効果を示すことが知られている．

不動態皮膜形成型の防食剤として，現在はモリブデン酸塩や亜硝酸塩が用いられている．凝縮器に使われている銅管の防食には，銅と反応して沈殿皮膜を

形成することによって防食するベンゾトリアゾール（BTA）系をはじめとするアゾール化合物が用いられる．スケールはカルシウムやマグネシウムなどの溶解塩類が濃縮し，飽和すると炭酸カルシウム $CaCO_3$ や水酸化マグネシウム $Mg(OH)_2$ となって配管や熱交換器に析出し，熱効率を低下させる．このようなスケールの生成を抑制するため，各種ホスホン酸や，マレイン酸系ホモポリマー，アクリル酸ポリマーなどの分散剤を添加する．シリカスケールは酸に難溶性で除去が困難であるが，その主な成分であるケイ酸マグネシウム（タルク）は腐食を抑制する効果がある．

スライム障害は細菌，カビ，藻類などの微生物に起因する軟泥性の汚濁物質によって起こるものである．それが配管や熱交換器に付着すると，熱交換効率が低下して腐食にも影響するので，スライムコントロール剤として微生物が生成する粘着物に作用して付着を防止し，剝離させるような薬剤が使用される．冷凍機の場合，熱交換器にスライムやスケールなどの汚れが付着すると伝熱が阻害されるが，汚れの付着状況は熱交換器チューブ内外の温度差 LTD (leaving temperature difference)（＝冷媒凝縮温度－冷却水出口温度）から推定できる．冷凍機凝縮器チューブにスライムやスケールが付着すると，LTD が上昇するためである．

近年，冷却塔がレジオネラ属菌の感染源の一つであることが指摘され，冷却塔からのミストやエアロゾルに付着したレジオネラ属菌が飛散する可能性が問題となっており，定期的清掃や抗レジオネラ薬剤が使用されるようになった．

> [対策]
> - 腐食（鉄，銅）防止，スケール防止，スライム付着抑制，レジオネラ属菌繁殖防止のため，冷却水には水処理薬剤を混合して投入したり，同時に投入したりする．冷却水配管や伝熱管は腐食のみならず，スケール防止，スライム付着抑制などを含む水処理剤を使用する．
> - 水処理剤としては，ホスホン酸系，高分子電解質，カルボン酸塩系を主成分とするものがスケール防止に有効であり，銅や銅合金に対してはベンゾトリアゾール，アゾール化合物などが腐食防止に有効である．
> - 近年，問題となっている冷却塔で繁殖するレジオネラ属菌には，定期的な清掃，抗レジオネラ薬剤の使用が有効である．

事例 24　小型低圧ボイラの腐食

材料：炭素鋼

　産業用や建築設備用の小型低圧ボイラとしては，省人力で，起動や停止が容易であり，需要変動にも追従しやすく，多缶設置で大容量にも対応できるという利点から，多管式小型貫流ボイラが広く用いられている．小型貫流ボイラシステムの模式図を図 6.32 に示す．ボイラ用原水としては水道水や工業用水が用いられる．原水は軟水器と脱気装置を経て給水タンクに蓄えられる．ドレン水を回収する場合はホットウェルタンクを介して再使用される．高圧発電ボイラでは，イオン交換樹脂を通した純水が用いられ，溶存酸素濃度は ppb レベルにまで低下する．これに比べると，小型貫流ボイラは簡易な軟化処理が行われる程度で，脱酸素しない場合もある．それでも，水処理の高度な管理が取り入れられるようになり，小型貫流ボイラの耐久寿命は著しく改善されている．

　小型低圧ボイラで問題になるのは，スケール事故と腐食である．スケール事故の原因は，軟水器の硬度漏れとシリカスケールがある．硬度漏れは，軟水器の管理が不十分な場合に炭酸カルシウム $CaCO_3$ や水酸化マグネシウム $Mg(OH)_2$，ケイ酸カルシウム $CaSiO_3$ が生成され，これらの酸化物（CaO，MgO，$MgSiO_3$ など）が伝熱面に析出し，水管が過熱，膨潤して亀裂破損する現象である．原水中のシリカは軟水器では取り除けないが，缶水中では十分高い pH（pH 11.5 以上）であれば溶解度が高くなるので析出しない．pH が十分上がらない場合

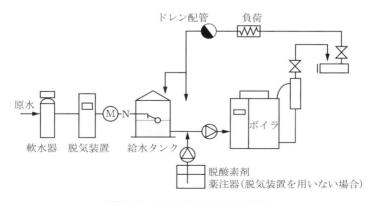

図 6.32　小型貫流ボイラの模式図

は，カルシウムが漏れるとカルシウムシリケートスケールとして析出する．硬度成分を極力抑制することは，シリカスケールの防止につながる．腐食には，脱酸素が十分でないために起こる水管下部の孔食や，水管上部が低負荷時に乾燥と湿潤を繰り返して，水酸化ナトリウムによるアルカリの濃縮によって起こるアルカリ腐食（事例21参照）がある．

　脱酸素処理が不十分な場合，水管に孔食が生じることがある．脱酸素処理としてはいくつかの方法があり，低圧ボイラでは熱源があるため，従来，海外では加熱脱気装置が用いられてきた．この方法は，被脱気水と蒸気を向流させる方法で溶存炭酸もいくぶん除去できる．

　脱酸素剤を用いる場合は，ヒドラジン N_2H_4 や亜硫酸ナトリウム Na_2SO_3 などを注入することで，次式のような化学変化を利用して酸素を除去する．

$$N_2H_4 + O_2 \longrightarrow N_2 + 2H_2O$$

この反応は常温では遅く，活性炭のような触媒の存在下で促進される．ヒドラジンは毒性があるため使用が制限されるが，食品関係の脱酸素には亜硫酸ソーダ Na_2SO_3 を用いて，次式のような化学変化を利用して除去する．

$$Na_2SO_3 + \frac{1}{2}O_2 \longrightarrow Na_2SO_4$$

[対策]

- 脱酸素剤として用いられるヒドラジンは，毒性があるため取り扱いに注意が必要である．食品関係で脱酸素剤を使う場合は，亜硫酸ナトリウム Na_2SO_3 を用いている．
- 気体分離膜を用いた膜式脱気装置を導入すれば，水中の酸素を 0.5 ppm 程度に低下させることができる．
- 炭酸腐食を防止する方法としては，皮膜性アミンや中和性アミンなどのインヒビターの注入がある．遊離炭酸濃度が高く pH が低い場合には，中和性アミンでは多量の添加が必要になるため，皮膜性アミンが望ましい．
- 材料面の対策としては，黒管の代わりに耐食性に優れたステンレス鋼管（SUS304）を用いる．

事例 25　淡水や土壌環境における異種金属接触腐食

材料：炭素鋼，銅，ステンレス

金属の標準電位や自然電位の差が大きいほど異種金属接触腐食が著しいとは限らない．異種金属が接触しても分極が大きい場合，異種金属接触腐食は生じない．分極特性は金属種によって異なり，たとえば，炭素鋼 Fe と銅 Cu，炭素鋼とニッケル Ni，炭素鋼と鉛 Pb の組み合わせでは，炭素鋼と銅 Cu カップルがもっともガルバニック電流が大きく，炭素鋼と鉛とのカップルはガルバニック電流が小さい．鉛は比較的貴な金属であるが分極が著しい[1]．建築設備に使用される継手の組み合わせにおける配管系絶縁処理判定表を表 6.6 に示す．開

表 6.6　建築設備における絶縁判定表
([出典] 空気調和・衛生工学会：空気調和・衛生工学便覧（第 14 版），2. 機器・材料編, p. 617, 2010.)

配管	継手・機器	継手 鋳鉄*1	継手 砲金	継手 黄銅	継手 SUS	ポンプ 鋳鉄	ポンプ ライニング鋼	ポンプ SUS	槽類 炭素鋼	槽類 ライニング鋼	槽類 SUS	槽類 Cu	槽類 Al
給水・給湯	ライニング鋼	○	×	×	×	○	○	×	○	○	×	×	×
給水・給湯	Cu（銅）	×	○	×*2	○	×	×	○	×	×	○	○	×
給水・給湯	SUS	×	○	×*2	○	×	×	○	×	×	○	○	×
給水・給湯	黄銅	×	×	○	○	×	×	×	×	×	○	○	×
消火	SGP	○	○	○	○	○	○	○	○	○	○	○	○
冷温水 開放	SGP	○	×*3	×	×	○	○	×	○	○	×	×	×
冷温水 開放	SUS	×	○	×*2	○	×	×	○	×	×	○	×	×
冷温水 密閉	SGP	○	○	○	○	○	○	○	○	○	○	○	○
冷温水 密閉	SUS	○	○	○	○	○	○	○	○	○	○	○	○
冷却水 開放	SGP	○	○	×	×	○	○	×	○	○	×	×	×
冷却水 開放	SUS	×	○	×	○	×	×	○	×	×	○	×	×
冷却水 密閉	SGP	○	○	○	○	○	○	○	○	○	○	○	○
冷却水 密閉	SUS	○	○	○	○	○	○	○	○	○	○	○	○

注　○：絶縁不要　×：要絶縁（接触不可）　SGP：炭素鋼，鋳鉄は亜鉛めっき材を含む．
*1　コーティング材を含む．
*2　耐脱亜鉛腐食黄銅については，クラス第 1 種とされる材質では接続可能と判断される．
*3　配管にライニングがないことや水質条件などから，管軸方向の異種金属接触腐食速度は給水用ライニング鋼管に比べて小さいと考えられる．すなわち，ねじ部などにおける漏水起点までの侵食に要する時間は長くなると考えられる．

放系の配管システムでは異種金属接触腐食を生じやすく，密閉系では多くの場合，絶縁不要になっている．

建築設備では，配管と，バルブ，継手の組み合わせによって異種金属接触腐食が起こりやすい．たとえば，青銅バルブや黄銅製継手に，亜鉛めっき鋼管や樹脂ライニング鋼管を接続する場合などである．硬質塩化ビニルライニング鋼管を青銅バルブにねじ接続すると，ライニング鋼管の管端部の金属露出部にガルバニック電流が流れ，激しい腐食を生じる．このような場合には管端防食絶縁継手を用いる必要がある．

一方，銅管をろう付けした給湯銅配管系において，ろう材と銅管のガルバニック作用によってろう材がカソード，銅管がアノードとなってろう付け周囲の銅管が侵食される事例も起こっている．これは，銅と銅合金のように大きな電位差がない場合にも，異種金属接触腐食を生じる場合があることを示している．銅管のろう付けは広く行われており，異種金属接触腐食が起こるかどうかは水質条件による．

銅合金製バルブでは古くからバルブ本体に青銅鋳物が，弁棒や弁座には二相黄銅が組み合わされて使用されている．このように，青銅と黄銅の組み合わせであっても，必ずしも電位が卑な弁棒につねに異種金属接触腐食が生じるわけではない．

ステンレス鋼を節約するために，タンク底部の液相部にステンレスクラッド鋼板を，上部には炭素鋼板を溶接して溶接部を含めて塗装を施したが，使用後1年もしない間に上部の炭素鋼部分にピンホールが発生し，漏水した事例がある．この事例は，全体を炭素鋼で製作し，塗装していればもっと長持ちしたはずであるが，底部のみにステンレス鋼を使用したためにかえって全体の装置寿命が短くなってしまった[2]．原因は，ステンレス鋼がカソードとしてはたらき，塗装の欠陥部にガルバニック電流が集中したことである．ステンレス鋼管と亜鉛めっき鋼管を接続する場合，フランジ接合によりガスケットを差し挟んで絶縁を行う必要がある．亜鉛めっき鋼管とステンレス鋼管との異種金属接続における絶縁対策としてのフランジ絶縁構造を図6.33に示す[3]．一カ所でも金属接触があると異種金属接触腐食が生じるので，絶縁ボルトには十分注意する必要がある．

土壌埋設したガス管，水道用鋳鉄管では，しばしば締め付けボルトに著しい腐食を生じることがある．これは，鋳鉄管に対して炭素鋼製ボルトがアノード

事例 25 淡水や土壌環境における異種金属接触腐食 | 125

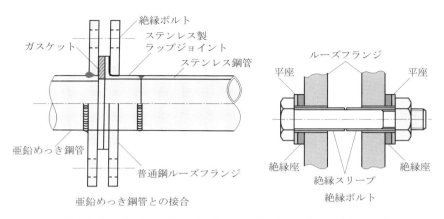

図 6.33 亜鉛めっき鋼管とステンレス鋼管との異種金属接触と絶縁構造

となったためで，炭素鋼と鋳鉄との間においても電位差が生じることを示している．そのため，炭素鋼にニッケルを添加したり，ダクタイル鋳鉄管に対してステンレス鋼製ボルト・ナットが使われたりすることがある．水道用鉛管に代わってステンレス鋼が用いられるようになった結果，鋳鉄管・炭素鋼管とステンレス鋼管を接続する必要が生じるようになった．土中において鋳鉄とステンレス鋼管を接続すると，外面は土壌に接し，内面では水道水を通して両者が接続されるため，異種金属接触腐食が起こる．ステンレス鋼はカソード，鋳鉄はアノードとなって腐食する．そのため，鋳鉄管とステンレス管の間に非金属の絶縁措置が必要になる．フランジ継手では，絶縁材を差し挟んで絶縁ボルトで締め付ける．

建築用配管では，赤水防止のためのステンレス鋼製のポンプや弁類を適用したいが，ポンプのコンポーネントをすべてステンレス鋼で構成することは設計上困難なため，ポンプ本体・ケーシングがねずみ鋳鉄，インペラー（羽根車）が青銅鋳物からなる従来のポンプをステンレス鋼配管に接続して，赤水に見舞われた事例がある．

[対策]
• ステンレス鋼と炭素鋼，銅・銅合金と炭素鋼の組み合わせでは，いずれも炭素鋼の電位は低く，アノードとなって炭素鋼の腐食が増大する．したがって，両者の間に絶縁継手を用いるか塩化ビニル管のような絶縁管を介し

- カソード/アノード面積比を小さくし（事例 27 参照），異種金属を溶接接合する場合は溶接部と炭素鋼側に塗装を施すと同時にステンレス鋼管側にも一定の深さまで塗装を施す必要がある．ステンレス鋼は炭素鋼に対してカソードとしてはたらき，ガルバニック電流は塗装欠陥を通して炭素鋼に流入するため，ステンレス鋼側にも塗装を行って有効なカソード面積を減少させ，ガルバニック電流を低下させる必要がある．
- 異種金属カップル全体をカソードに保持する．土中の水道用鋳鉄管サドル分水栓に異種金属（ステンレス鋼配管）が用いられる場合は，マグネシウムや亜鉛の陽極を配置する．淡水は電気伝導率が低く，防食電流の電流分布は悪いので，異種金属接触部に近づけて配置する．
- 異種金属が接触していても，水中に酸化剤としての溶存酸素がなければ異種金属接触腐食は起こらない．このため，密閉系冷温水配管では，SGP 配管と砲金製や黄銅製継手との接続に絶縁を必要としない．

参考文献
1) H. Kaesche：Die Korrosion der Metalle, p. 230, Springer-Verlag, 1966.
2) M. G. Fontana：Corrosion Engineering, p. 47, McGraw-Hill, Inc., 1986.
3) ステンレス協会編：建築用ステンレス配管マニュアル，p. 102, 1997.

事例 26　海水ポンプの異種金属接触腐食

材料：鋳鉄，ステンレス鋼

　ポンプは，機能上，いくつかの金属を組み合わせて製作されるので，異種金属接触腐食が生じる機会は多い．海水用ポンプでは，ケーシングや主軸に鋳鉄や炭素鋼を使い，羽根車やガイドケーシングには青銅やステンレス鋼を選定すると，鉄系部材に異種金属接触腐食が生じる．

　1 年 9 ヶ月の連続運転後，定期検査において鋳鉄部品に著しい異種金属接触腐食が認められた事例の立軸海水ポンプの断面図を図 6.34 に示す．羽根車，ガイドケーシングにステンレス鋳鋼 SCS13 やステンレス鋼 SUS304 が使われ，これら以外のコラムパイプ，軸受ケーシングには鋳鉄 FC200 が用いられている．

事例26　海水ポンプの異種金属接触腐食

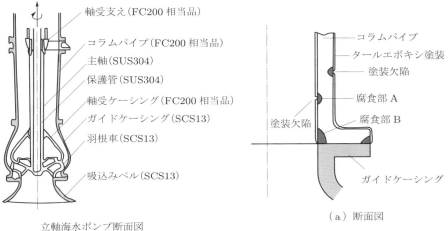

立軸海水ポンプ断面図

（a）断面図

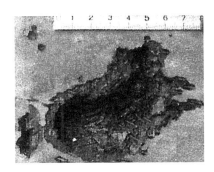

（b）腐食部A：塗装欠陥部

（c）腐食部B：フランジ端部

図6.34　海水ポンプにおける異種金属接触腐食の事例
（[出典]宮坂松甫：エバラ時報，No.222，2009．）

鋳鉄は，タールエポキシ樹脂塗料が塗装されている．鋳鉄部品には塗装欠陥があり，その部分に腐食損傷が認められたほか，フランジ端部など塗装が及ばなかった部分や無塗装の部分に腐食が起こった．腐食の形態は黒鉛化腐食（3.5節(8)参照）で，腐食を生じているにもかかわらず，製作時の形状を保ち，腐食生成物の錆が炭化層に取り込まれている．

　船舶の推進器には銅合金が使われるので，推進軸を通して船体や推進器の近くの鉄系部材にガルバニック電流が流れる．その結果，炭素鋼や鋳鉄製品の腐食寿命が短くなり，しばしば交換せざるをえなかった．そこで，これをステン

レス鋼や銅合金などの耐食性の良い材料に取り替えた結果，それ自体の寿命は延びたが，新たに別の異種金属接触腐食を生じた事例がある．また，揚水ポンプに使用していた鋳鉄製の逆流防止弁をステンレス鋼SUS304に交換した結果，揚水管に新たな異種金属接触腐食が生じるようになった事例もある．

　海水は電気伝導率が高く，ガルバニック電流が流れやすいため，異種金属接触腐食が起こりやすい．図に示した海水ポンプにおける異種金属接触腐食の事例では，ステンレス鋳鋼製ガイドケーシングに接続された鋳鉄製（FC200）コラムパイプには厚いタールエポキシ塗装を施していたが，塗装欠陥を起点として異種金属接触腐食が発生し，鋳鉄に特有な黒鉛化腐食に発展した．貴な電位のステンレス鋼（カソード）と卑な電位の鋳鉄（アノード）の間にガルバニック電流が流れた結果である．鋳鉄には塗装が施されていてもその欠陥部を通してガルバニック電流が流れ，塗装を厚くしても早晩腐食を生じたと考えられる．

[対策]
- 海水ポンプは，ガイドケーシング（SUS304）とコラムパイプの間に樹脂製の絶縁板を差し挟み，絶縁ボルトを用いて締め付けることで腐食を防止できる．
- 異種金属接触が避けられない場合は，腐食を軽減するために，カソード/アノード面積比を小さくする．カソード/アノード面積比を小さくするには，カソードとなるステンレス鋼に塗装し，カソード面積を低減する．
- 海水ポンプの異種金属接触腐食，船舶の銅合金製スクリューによる船体の異種金属接触腐食を防止するには，鋼構造物に対して亜鉛合金やアルミニウム合金などの流電陽極を取り付ける．

事例 27　港湾や海洋環境の鋼構造物の腐食

材料：炭素鋼，ステンレス鋼

　港湾や海洋環境に用いられる基礎鋼杭は，海上大気部から海底土壌中までさまざまな腐食性環境に曝される．鋼管杭と鋼矢板の各部位における腐食傾向を図6.35に示す．海上大気下では，海塩粒子の影響を受けるため，陸上の大気部より腐食は著しい．とくに飛沫帯では，鋼表面が間欠的に海水で濡れ，海水

事例 27 港湾や海洋環境の鋼構造物の腐食 | 129

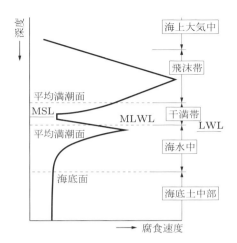

図 6.35 港湾鋼構造物の腐食傾向の模式図

膜を通して鋼面への溶存酸素の供給速度が大きいので，腐食速度が大で，0.3 mm/y に達することもある．干満帯では，上部と下部で酸素の供給量が異なるので，鋼杭のような構造物にマクロセル腐食機構（3.4節(3)参照）が作用する．すなわち，酸素の供給が多い上部がカソード，下部がアノードとなって干満帯下部の腐食が著しくなり，腐食速度は 0.1〜0.3 mm/y となる．平均干満面直下においては，激しい局部腐食を生じることがある．港湾関係者の間ではこれを**集中腐食**という．鋼矢板に生じた集中腐食の状況を図 6.36 に示す．一方，マクロセル腐食機構が作用しない干満帯以下の海水中では腐食速度は 0.2 mm/y 程度に低下し，海土中は酸素も少なくなるので腐食速度は 0.03 mm/

図 6.36 鋼矢板の集中腐食

y とさらに低下する．図 6.37 は港湾構造物の適用防食工法を示すとともに，塗履装と電気防食の適用例を示す．海水中では，鋼材にフジツボ，イガイ，牡蠣などの貝類や海藻類が付着して一種のすき間腐食機構により局部的に腐食する．

かつて汚染を経験した海水域では，嫌気性の硫酸塩還元菌の増殖により著しい腐食に見舞われたことがあった．汚染海水中の腐食試験によると，羽田沖海中で 0.155 mm/y，隅田川河口で 0.119〜0.245 mm/y の高い腐食速度を示し，鹿島湾沖の清浄海水中では 0.118〜0.245 mm/y であったことが報告されている[1]．

2010 年に完成した羽田空港に設置された D 滑走路の橋脚部では，腐食性の厳しいスプラッシュゾーンには耐海水性のスーパーステンレス鋼 SUS312L（0.4 mmt）と NAS354N ステンレス鋼板（35Ni-23Cr-7.5Mo-0.2N：1.2 mmt）が採用され，鋼管杭の上に TIG 溶接で被覆された．橋脚と上部構造接続部にはチタン製カバーが取り付けられ，海水中に没する鋼杭下部にはアルミニウム合金アノードによるカソード防食が適用された．海水中では，一般のステンレス鋼 SUS304 や SUS316 では孔食やすき間腐食が生じるため不十分である．海水中でステンレス鋼を使うには，耐孔食指数 PRE は少なくとも 40 以上が必要とされる．そのため SUS329J4L 級でも不十分で高 Cr と Mo を含むスーパーステンレス鋼が必要である．

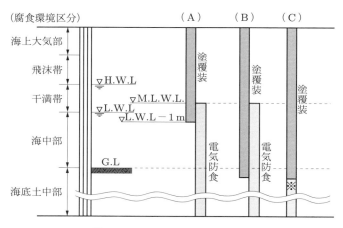

図 6.37　港湾鋼構造物の適用工法
（[出典] 鋼材倶楽部編：海洋鋼構造物の防食 Q＆A，p.30，技報堂出版，2001．）

[対策]

- 港湾構造物の設計では，集中腐食の恐れがないないときは鋼材に対して腐食しろを考慮する方法が採られる．最近では 2 mm 程度の腐食しろを見込んだうえで適切な防食法を採用する．
- 飛沫帯から干満帯にかけては，腐食性が著しいので，基礎鋼管杭にはポリエチレンライニングやウレタンライニングを 2.5 mm の厚膜コートする必要がある．ペトロラタムテープに FRP 保護カバーを施すなどの重防食も対策となる．海表面では波浪や漂流物が衝突して塗膜や被覆に損傷を与えるので，スーパーステンレス鋼，チタンなどの耐食金属ライニングでカバーする方法が効果的である．非金属被覆であるモルタルライニングは，既設の鋼構造物の防食補修として有効である．
- 海中部や海底土中に対しては，カソード防食が有効である．港湾設計基準では，海洋構造物に対する防食電位は -780 mV(Ag/AgCl)，初期の防食電流は 100 mA/m^2（海水中），海底土は 20 mA/m^2 と定められている．

参考文献
1) 重野隼太，海野武人：橋梁，no. 12, p. 16, 1973.

事例 28　船舶の海水腐食

材料：炭素鋼

　船舶，たとえばオイルタンカーは，船体外板ばかりでなく，船体内部のタンク類，海水バラストタンク（事例 30 参照），オイルタンク，艤装用海水管，荷油管などが海水に曝されるほか，船体内は高温・多湿で海塩粒子も飛来するため，内外ともに腐食性が著しい．

　船体外板上部のいわゆる外舷は，直接，海水に接することは少ないが，海水飛沫と大気曝露による乾湿が交互に繰り返される．これにより水線部は大気と海水が境界をなしているので，マクロセル腐食機構（3.4 節(3)参照）が作用して著しい腐食を生じる．また，水線部から船底にかけて海棲生物のフジツボやムラサキ貝が付着して塗膜を劣化させるとともに，船舶の航走性能，燃料効率を低下させる．推進器・推進軸は，銅合金製であるために炭素鋼船体と異種金

属接触腐食を引き起こす．プロペラは，海水中で高速回転してエロージョン・コロージョンを引き起こす可能性がある．また，木材などの海中の浮遊物と衝突して塗膜は損傷を受け，その部分からも腐食が起こる．

海水の塩化物イオン濃度は高く，腐食性は強いが，電気伝導率が高く，防食電流が遠くまで届きやすいため，カソード防食の船舶への適用は効果的である．海水中のカソード防食法としては，流電陽極法と，舶用電源を整流してカソード電流を供給する外部電源方式がある（5.3節参照）．船舶外板に対するカソード防食の適用法の模式図を図6.38に示す．船体外板に対しては外部電源方式が適用され，防食電流は海域にもよるが100 mA/m² 程度で，このときの標準

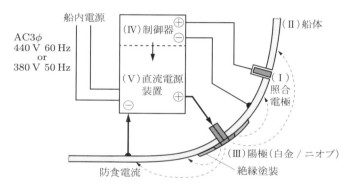

図6.38 船体外板に対する外部電源方式によるカソード防食
（［出典］日本防蝕工業（株）技術資料．）

図6.39 スクリュー（銅合金）における異種金属接触腐食防止のためのカソード防食（［出典］日本防蝕工業（株）技術資料．）

防食電位は $-770\,\mathrm{mV(SCE)}$ である.また,図 6.39 のように,銅合金製スクリューの近くでは,異種金属接触腐食が加わるので,流電陽極として亜鉛合金やアルミニウム合金を用いる.

船体や海洋鋼構造物への生物付着現象を微生物汚損またはバイオファウリング(biofouling)という.この微生物汚損を防止するために,以前は,酸化銅(Ⅰ)Cu_2O を混和した塗料の塗装が行われていた.その後,有機スズ化合物 TBT(tributyltin)に優れた防汚効果があることが明らかになり,船底塗料に使われるようになった.しかし,海棲生物などの生態系の環境ホルモンに悪影響を及ぼすことがわかり,2008 年に国際海事機構(IMO)によって国際的に使用が禁止され,現在では使われていない.

[対策]
- 船舶外板のカソード防食では,外部電源方式によりアノード近傍に過大な防食電流が流れないように,陽極部周囲の船体に絶縁塗装を施す.
- 現在では,塗料が少しずつ溶解してつねに新生面が出るように工夫された自己研磨型防汚塗料が開発されている.環境や生態系に対する影響を考慮すると,将来的にはシリコン系の塗料が有望と考えられている.

事例 29　船舶バラストタンク内の腐食

材料:炭素鋼

タンカーや貨物船をはじめとして船舶には,航走安定性を確保するため,海水を搭載する専用のタンクがある.これをバラストタンク(ballast tank)という.バラストタンクは,荷物を積載しているときは空であるが,積荷を下せば船体のバランスを保つために,海水を入れる.このため,バラストタンクは空槽状態と張水状態を繰り返すことになり,タンク内面は乾燥状態になったり湿潤状態になったりする.上甲板裏は日照によっては温度が 50 ℃以上にもなり,また燃料の粘度を維持するために加温された隔壁部では温度が高くなるため,その影響もあってバラストタンク内は腐食しやすい.一般に,バラストタンク内の鋼の平均腐食速度は 0.21〜0.29 mm/y にも達する.図 6.40 にバラストタンク内の状況を示す.カソード防食は塗装を施した上に適用するので,カソー

図 6.40 バラストタンク内面の状況
（[出典] 日本防蝕工業（株）技術資料.）

ド反応によってアルカリ性となる．そのため，塗膜はアルカリに耐えるものを使用する必要がある．塗装はかつてタールエポキシ樹脂塗料が一般的であったが，1988 年，国際海事機構（IMO）による「タンカーやバルクキャリアーのバラストタンクにはライトカラー（明色）が望ましい」との勧告により，現在ではタールフリーで明色の変性エポキシ樹脂塗料が用いられている．

バラストタンクに対する一般的な塗装仕様例を表 6.7 に示す．IMO は船舶の安全と長寿命化をはかるため種々の基準を設定している．とりわけバラストタンクに関しては，2006 年 12 月に「すべてのタイプの船舶の海水専用バラストタンクとばら積み貨物船の二重船側部に対する塗装性能基準」（PSPC）が IMO 海上安全委員会 216（82）によって採択され，2008 年 12 月以降，建造契約が結ばれる全船舶に対して塗装の技術要件が規定された．IMO 第 81 回海上

表 6.7 バラストタンクに対する一般的な塗装仕様例

	一般的仕様（1 回塗り）	特別仕様（2 回塗り）
塗料	JIS K-5664 2 種相当品（エポキシ含有量 20％以上）	同左と同等以上（エポキシ含有量 30％以上）
表面仕上げ	SIS　Sa2 1/2 相当	SIS　Sa2 1/2 相当
エッジ処理	有害なエッジやノッチを避ける	エッジは 3 回のグラインダー処理
塗り回数	1 回	2 回
膜厚	200 μm（1 回塗り）	250 μm（2 回塗り）
その他	・塗料メーカー標準仕様による． ・補助電気防食設備は船主オプション． ・建造時から設置するのは半数程度である．	

安全委員会（MSC81）での新塗装基準（PSPC）の一部を表6.8に示す．ショッププライマーにエチルジンクシリケート（インヒビターフリー），塗装系/膜厚は，従来の一般的塗装仕様例では膜厚200 μm（1回塗り）と250 μm（2回塗り）であったのに対し，エポキシベース（明るい色）では320 μmとなっている．また，塗装検査は，建造時にNACEやFROSIOなどの有資格者による検査を行うことになっている．さらに，バラストタンクの塗装検査記録（CTF）を作成し，監督官庁の検閲後，船に常備することになっている．

表6.8　IMO第81回海上安全委員会（MSC81）での新塗装基準（PSPC）の概要

項目	MSC81の結果
塗膜厚	・公称乾燥膜厚 320 μm（90/10） （全測定点の90%以上が320 μm以上で，残りの10%が288 μm（320 μmの90%に相当）以上を満たすこと．）
膜厚計測	・平坦部：1箇所/5 m² ・2～3 m² ごとに少なくとも1箇所．境界から15を越えない箇所で少なくとも1箇所．
塗料の事前承認制	・第3者機関による事前承認が必要である．
塗装検査	・建造時にNACEやFROSIOなど有資格者の検査が必要である．
塗装テクニカルファイル（CTF）の作成義務	・塗装検査記録として塗装テクニカルファイル（CTF）を作成し，監督官庁の検閲後，本船に常備する．

[対策]
- バラストタンク内壁は基本的には塗装によって防食するが，カソード防食と併用する場合もある．
- 亜鉛合金やアルミニウム合金を用いた流電陽極法によるカソード防食を行う．海水中の場合，防食基準電位である −770 mV(SCE) 以下に保持する．

事例 30　流れ加速腐食

材料：炭素鋼

2004年8月，関西電力美浜原発3号機二次系の炭素鋼管が破裂し，作業員2名が死亡する事故が発生した．加圧水型原子炉（PWR）は，炉水が循環する一次系と熱交換器を介して，二次系冷却水は蒸気発生器（SG）により発生した蒸

気でタービンを回して復水器に戻る．事故が起こったのは復水器により冷却された水を再循環させる配管系（外径約 560 mm，初期肉厚 10 mm の炭素鋼管（SB42））で，冷却水は実使用温度 142 ℃，圧力 0.93 MPa，流速 2.2 m/s，pH 8.6〜9.3，溶存酸素 < 10 ppb の条件であった．異常減肉により墳破を生じたのは，流速を計測するために設置したオリフィスのやや下流域であったため，流路が狭まり流速が過大になることによるエロージョン・コロージョンの一種が原因と考えられた．墳破の生じた箇所は，炉水温度 300 ℃に比べれば水温 142 ℃と比較的水温の低い部位であり，腐食が軽微な環境であると認識され，定期検査でも見逃されていた．事故後の解析結果により，原因は流れ加速腐食（flow accelerated corrosion：FAC）との見解が示された．1986 年にアメリカのサリー（Surrey）発電所（PWR）の配管で起こった腐食による事故（4 人死亡）は，同様に，FAC によるものであった．このほか，国内の他のプラントや海外のプラントでも同様の配管の減肉がみられ，PWR ばかりではなく，BWR 原子力発電プラントや火力発電プラントでも類似の環境条件で減肉が起こっていることが明らかになった．

　PWR 二次系で起こったこの減肉腐食は，腐食反応によって生じた腐食生成物のマグネタイト Fe_3O_4 の純水中への溶解を通して進行する，物質移動過程を伴う FAC であるといわれている．配管が破損した部分はオリフィスによって偏流となり，壁面の流速が増して腐食が加速されたものと考えられている．減肉腐食を生じた炭素鋼表面は均一腐食を呈し，その部分の金属組織写真にみられる鱗片状の模様は，FAC の特徴である．

　高温水中における炭素鋼の腐食は次式で示すように，鉄のアノード溶解，酸素の還元反応と水素発生反応によるミクロセル腐食機構で進行する．

　　アノード反応：$Fe \longrightarrow Fe^{2+} + 2e^-$
　　カソード反応：$O_2 + 2H_2O + 4e^- \longrightarrow 4OH^-$
　　　　　　　　$2H_2O + 2e^- \longrightarrow 2OH^- + H_2$

溶存酸素がきわめて少ない水中では H_2O 自体が酸化剤となってカソード反応を分担する．その結果，初期に生成する腐食生成物は水酸化鉄（Ⅱ）$Fe(OH)_2$ であるが，水酸化鉄（Ⅱ）はさらにシッコール反応（Schikorr reaction）によってマグネタイト Fe_3O_4 となり，保護皮膜を形成する．しかし，乱流を伴う高流速下では腐食生成物は保護皮膜としてとどまらず，マグネタイト/溶液界面で生成した Fe^{2+} は拡散によって沖合に運ばれる．流速加速によって腐食が加速

されるものと考えられている．

> **[対策]**
> - オリフィス下流，T字管，エルボ，レジューサー，制御弁など流体に乱れを生じる箇所の肉厚の傾向管理を行う．FACの腐食速度は速いが，均一腐食に近いので，減肉量を経時的に監視し，必要に応じて配管を取り替えれば噴破事故は回避できる．
> - 湿り度が高い蒸気域で減肉が生じやすい．このため，pHを上昇させたり，酸素を注入して皮膜を形成させる．
> - 145℃付近であっても鋼中のクロム濃度が1 wt％以上であれば，耐食性は顕著に改善できる．
> - 厚肉管や大口径管の使用，またクロムを1 wt％以上添加した低合金鋼やステンレス鋼を使用することにより耐久性を高めることができる．

事例 31　排水用鋳鉄管とMD継手の微生物腐食

材料：鋳鉄，炭素鋼

　鋳鉄管は，炭素鋼管に比べて肉厚であり，鋳鉄自体が耐久性に優れた材料であると考えられていた．しかし，近年になってホテルやテナントビルの厨房系の排水用鋳鉄管で微生物腐食（MIC．3.4節(6)参照）によると思われる漏水事故が起こるようになった．たとえば，竣工後約20年が経過した東京都内の高層ビルでは，いくつかのテナントの横引き排水用鋳鉄管（CIP）にひび割れに似た腐食損傷が鋳鉄管外面にまで達していた．図6.41は，ビルの排水用鋳鉄管内面の上面気相部側の腐食が進行し，管壁を貫通した事例である．腐食は管長手方向に伸びており，長い場合には数メートルにも及び，管の周方向にも分岐していた．

　一般に，厨房排水は異物の沈着があるものの，油脂分が多いので，腐食性の強い環境とは考えられていなかった．しかし，排水管内に堆積した食物残渣や沈着物により，その下部では酸素不足に陥り，硫酸塩還元菌（SRB．3.4節(6)参照）が増殖してMICが起こることがわかった．SRBのはたらきによって，次式のようにSO_4^{2-}が還元され，硫化物H_2Sが生成される．

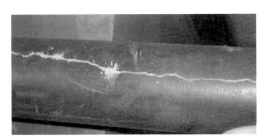

図6.41 厨房系排水管（134 × 4.5t mm）内面の気相部における微生物腐食

$$SO_4^{2-} + 2C(amino) + H_2O \longrightarrow 2HCO_3^- + H_2S$$

C(amino)はアミノ酸，炭水化物，有機酸の関与を示す．

　厨房排水は，微生物の栄養源になる有機物が多く，水温が高めでSRBにとって増殖しやすい環境である．排水管は，横走り鋳鉄管に気相部ができるので，硫化水素は気相中に移行する．その硫化物が，水面上に達して横走り管の天側に凝縮した水膜中に溶け込むと，溶存酸素と好気性の硫黄酸化細菌により酸化され，硫酸が生成されて，酸性になる．

$$H_2S + 2O_2 \longrightarrow H_2SO_4$$

生成された硫酸は管素地へ拡散し，横引き管の喫水面近傍や上面を著しく腐食させる．

　排水用鋳鉄管の接続には可撓性(かとうせい)のある鋳鉄製可撓継手（MDジョイント）が用いられているが，高圧洗浄の際に，管内部に通すホースによって，このMDジョイント内面側の喉部が溝状に削られて摩耗が起こる．

　この摩耗とSRBによる腐食によって，場合によっては2〜3年で漏水事故が発生することがある．図6.42はMDジョイントの腐食事例である．

　このようなMIC対策として，厨房系排水管では固着した汚れを高圧水で洗い流す高圧洗浄を定期的に行う．排水管洗浄の概念図を図6.43に示す．図のように，排水横枝管に曲がりが多く，固着性の付着物が多い配管の場合にはワイヤ式清掃を行うこともある．この作業の際は，耐久性，操作性の良いステンレスを格子状に編み込んだブレードホースを管内に挿入する．ホースには，ピアノ線を二重に巻いたもの，樹脂を芯にして柔軟性をもたせたものなどがある．

事例 31　排水用鋳鉄管と MD 継手の微生物腐食 | 139

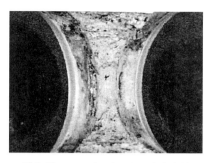

図 6.42　MD ジョイントの腐食事例

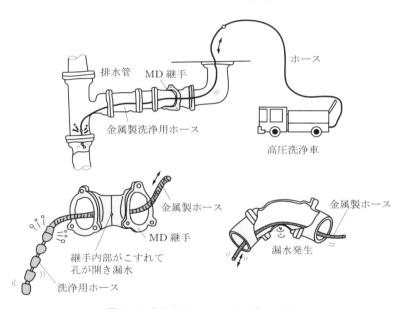

図 6.43　集合住宅における排水管の洗浄

[対策]

- 排水管は十分傾斜をとり，夾雑物が堆積しないように定期的に洗浄を行う．
- ダクタイル鋳鉄製可撓継手（MD ジョイント）は強度が高いので薄肉化が可能であるが，腐食減肉速度は普通鋳鉄と変わらない．そのため，従来の普通鋳鉄より早期に漏水に至ることもあるので，50 μm 以上の厚い内面樹脂コーティングを適用したものが用いられる．

事例32　ステンレス鋼の溶接と局部腐食

材料：ステンレス鋼

　ステンレス鋼配管，ステンレス鋼製水槽・貯湯槽など，溶接部に孔食，すき間腐食，応力腐食割れなどの局部腐食が生じる事例はしばしばみられる．微生物腐食（MIC．事例32参照）と疑われる事例もほとんどは溶接部やその近傍を起点としている．

(1) 溶接に伴う溶接部の金属組織の変化と腐食

　オーステナイト系SUS304鋼は，図6.44に示すように，溶着部は1450℃に達し，隣接する熱影響部（HAZ）も400〜800℃に加熱される．この熱影響部の，とくに600〜650℃近辺に加熱された部分の腐食感受性が高い．すなわち，図6.45の模式図に示すように，結晶粒界に沿ってクロム炭化物 $Cr_{23}C_6$ の析出がみられ，析出した炭化物の極近傍はクロム不足となるため，この部分の不動態皮膜の耐食性は劣化する．結晶粒界に沿ってクロム欠乏層（Cr＜11％以下）ができるため，この部分が優先的に侵食されやすくなる．このような金属組織の変化を**鋭敏化**という．粒界腐食を生じるかどうかは，金属顕微鏡を用いて組織観察を行い，エッチングした結晶粒界が太く見える場合は粒界腐食を生じていると判断できる．一方，フェライト系ステンレス鋼は，加熱中の炭素の拡散が速いのでこのような鋭敏化現象は生じにくい．

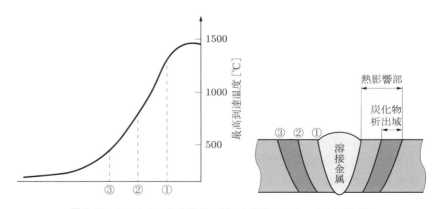

図6.44　ステンレス鋼溶接部の断面と温度プロファイルの模式図

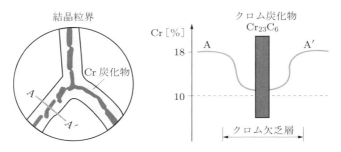

図6.45　結晶粒界の鋭敏化組織の模式図

(2) 酸化スケールの影響

現場のTIG溶接では，不活性ガス（アルゴンガス）によるバックシールドが不足すると，溶接部には酸化スケールが残存する．ステンレス鋼表面が酸化されると，鋼中のクロムCrがまず酸化され，その結果，酸化スケール直下はクロム含有量が低下し，その部分の耐食性が劣化する．クロム欠乏層は表面のごく浅い部分であっても，いったん腐食するとアノード部は局部的に酸性化するので，不動態皮膜は修復されにくくなり，腐食は進展する．酸洗いによって溶接部に生じた酸化スケールを除去し，本来の組成に回復できれば耐食性は回復する．このように，ステンレス鋼の溶接に際しては不活性ガスによるバックシールドを行って極力酸化をを防止することが重要である．

(3) 溶接継手の形状

十分にバックシールドを行って溶接したとしても，継手部の幾何学的形状，溶接ビードの溶け込み不足，突き合わせ溶接部のすき間構造ができると，すき間腐食機構によって局部腐食を生じる可能性がある．さらに，溶接残留応力があれば，孔食やすき間腐食を起点として応力腐食割れに進展し，すき間の狭い部分に局部腐食を発生しやすい．これらはアノードとなる狭く深いすき間部の液性が酸性に変化しやすく，その状態が保たれやすいためである．

(4) 異材継手の問題点

高純度フェライト系ステンレス鋼（SUS444）は耐応力腐食割れ性に優れ，貯水槽や貯湯槽などに用いられているが，温水器や低圧ボイラではこれに付属させるフランジやソケット類にフェライト系部材を入手できない場合はオーステナイト系ステンレス鋼を使わざるをえないことがある．フェライト系は炭素量，窒素量が少ない材料であるから炭素濃度が高いオーステナイト系ステンレ

ス鋼を溶接する場合は，炭素，窒素の拡散によってフェライト系ステンレス鋼の窒素濃度を高めるので注意が必要になる．

[対策]

- 鋭敏化を防止するためには，鋭敏化温度域（650℃近辺）に曝される時間をなるべく短くするか，高温の溶体化熱処理（1050℃）を行って標準組織に戻す．
- ステンレス鋼の粒界腐食は，結晶粒界に沿ってクロム炭化物が生成されることにより起こるため，鋼中の炭素量を低下させることでクロム炭化物の生成を抑制できる SUS304L や SUS316L を用いる．また，ニオブ Nb やチタン Ti を添加して炭化物をマトリックスに析出させた安定化ステンレス鋼 SUS321 や SUS327 も鋭敏化を抑制できる．
- オーステナイト系ステンレス鋼 SUS315J1 や SUS 315J2 は，高ケイ素 Si で銅 Cu，モリブデン Mo が添加されているので，溶接による SCC にも強く，構造の複雑な小型温水器に適用できる．
- 溶接時における酸化スケールの生成を防止するための不活性ガスによるバックシールドは重要であるので，不活性ガス中の酸素濃度を規定するか，色見本を用いて酸化度を管理することが大切である．

事例 33　ステンレス鋼の局部腐食（孔食，すき間腐食，応力腐食割れ）

材料：ステンレス鋼

耐食性に優れているステンレス鋼も，塩化物を多く含む環境では，孔食，すき間腐食，粒界腐食，応力腐食割れなどの局部腐食を起こすことがある．18Cr-8Ni を主成分とする SUS304 は広く汎用されるステンレス鋼で，その耐食性は数ナノメータのきわめて薄い不動態皮膜によって維持されている．したがって，何らかの原因で不動態皮膜が損傷を受けると局部腐食が生じやすい．局部腐食の形態，特徴，対策を表 6.9 にまとめる．

(1) 孔食の事例

ステンレス鋼も海水のように塩化物が多量に含まれる環境では孔食が生じやすい．海水中で孔食を起こさないためには，高クロム Cr やモリブデン Mo，窒

事例33　ステンレス鋼の局部腐食（孔食，すき間腐食，応力腐食割れ）

表6.9　ステンレス鋼の局部腐食

腐食の形態	事例と特徴	腐食の機構	対策
孔食	槽類，配管などでDO，NaCl濃度が高い場合，主に自由表面に生じるピット．	塩化物イオンと溶存酸素の共存下で不動態皮膜が化学的に破壊される．	SUS316，SUS317などの使用．Cl⁻や溶存酸素の除去．
すき間腐食	フランジ継手ガスケット下の腐食，溶接不良部，酸化スケール部に生じる局部腐食．	すき間内の不動態皮膜が不安定化．ピット内と自由表面とガルバニック作用による．	表面の清掃，すき間構造にならない設計，塩化物・酸化剤の濃度を低下させる．
粒界腐食	高酸化性環境下でステンレス鋼溶接熱影響部が粒界に沿って侵食される．	650℃近傍に加熱されCr炭化物が析出し，周囲のCr濃度が低下，腐食感受性を増す．	低炭素ステンレス鋼SUS304L，安定化ステンレス鋼SUS321，SUS347の使用．
応力腐食割れ (SCC)	軽水炉，化学プラント，熱交換器などの溶接熱影響部での孔食，すき間腐食を起点としたひび割れ．	材料の鋭敏化・残留応力・塩化物・酸化剤の共同作用により，溶解反応が優先するひび割れ．	環境条件の緩和（塩化物濃度を低下させる，溶存酸素の除去），残留応力を極力除去する．
微生物腐食 (MIC)	排水・工業用水などでステンレス鋼溶接部に孔食状の局部腐食を生じ，侵食度10 mm/y以上に達する．	バイオフィルム中で鉄酸化細菌などによりステンレス鋼の電位を押し上げ，不動態が破壊して腐食する．	殺生物剤（バイオサイド）の注入．汚れ除去．

素Nなどを含む高級ステンレス鋼やスーパーステンレス鋼が必要である．ステンレス鋼の耐孔食性を評価する指標として**耐孔食指数**（pitting resistance equivalent）PRE が定義されている．オーステナイト系ステンレス鋼に対しては次式で表される．

$PRE = [Cr] + 3.3 [Mo] + 16 [N]$　　［　］内はwt %

表6.10にステンレス鋼種別の PRE の値を示す．天然海水中でステンレス鋼に孔食を起こさないためには $PRE > 40$ であることが必要とされ，耐食性に優れた二相ステンレス鋼 SUS329J4（6Ni-25Cr-3.3Mo-0.15N）でも $PRE = 38.3$ と不十分である．SAF2507（25Cr-7Ni-4Mo-0.4N）では $PRE = 43$ となり，海水中でステンレス鋼を使用するにはスーパーステンレス鋼を選択する必要があることがわかる．

表6.10 主なステンレス鋼の耐孔食指数

種別	鋼種別	主要成分[wt %]	PRE
オーステナイトステンレス鋼	SUS304	18Cr-8Ni	18
〃	SUS316	18Cr-9Ni-2.5Mo	26.3
〃	SUS317	18Cr-12Ni-3Mo	27.9
〃	SUS312L	20Cr-18.5Ni-6Mo-0.2N	43
二相ステンレス鋼	SUS329J4L	25Cr-6Ni-3.3Mo-0.15N	38.3
スーパーステンレス鋼	SAF2507	25Cr-7Ni-4Mo-0.3N	43
〃	NSSC270	20.19Cr-17.98Ni-6.26Mo-0.22N	44.3

PRE（耐孔食指数）= Cr + 3.3Mo + 16N

(2) すき間腐食の事例

すき間腐食は，ステンレス鋼どうしの重ね合わせのすき間，ステンレス鋼と非金属とのすき間，析出物の周囲，酸化スケールとのすき間などさまざまなすき間で発生する．典型的なのは，ステンレス鋼管フランジ接合部のガスケットのすき間に生じる事例で，ガスケット材質によって，またステンレス鋼種によってすき間腐食の感受性は異なる（3.5節(2)参照）．現在ではほとんど使われなくなったが，塩化物イオンを多く含むアスベスト製ガスケット（石綿）にすき間腐食がよくみられる．ゴム類ではシリコーンゴムが耐すきま腐食性にもっとも優れ，ついで天然ゴム，ネオプレンゴムの順である．プラスチックでは，PTFE（テフロン）が耐すき間腐食性に優れている．材料面ではステンレス鋼のクロム含有量が多いほど起こりにくい．すき間腐食は，ステンレス鋼上に沈着した異物の界面でも生じる．すき間腐食の機構は，すき間部で酸素の供給が乏しくなると，不動態皮膜が不安定となり，酸素が十分供給される隣接面がカソード，酸素の供給が不足するすき間部がアノードとなり，両者の電池作用により進行する．閉塞されたすき間は液性が酸性に保たれ，その状態が継続するので，不動態皮膜が修復されにくく局部腐食が継続しやすい．すき間腐食を評価する電気化学的な方法として再不動態電位 $E_{R,crev}$ が定義されている．再不動態化電位が高いか低いかによって，耐すき間腐食の起こりやすさを評価する．

(3) 粒界腐食の事例

オーステナイト系ステンレス鋼は，500〜800℃の温度域に加熱された部位が腐食性環境に曝されると，結晶粒界に沿って深く侵食される粒界腐食（3.5節(3)参照）が起こる．図6.46はSUS 304の粒界腐食の金属組織写真である．

事例33　ステンレス鋼の局部腐食（孔食，すき間腐食，応力腐食割れ）　　145

図6.46　SUS304の粒界腐食の金属組織

ステンレス鋼の不動態皮膜が安定化するためには，クロム濃度は少なくとも12%以上必要となる．

(4) 応力腐食割れ（SCC）

応力腐食割れ（SCC，3.5節(4)参照）は，ステンレス鋼配管溶接部，熱交換器の管板などにしばしばみられる．ステンレス鋼のSCCはピットやすき間腐食を基点として発生する活性経路腐食（APC）といい，腐食溶解が優先して起こる割れである．広義のSCCは，高強度鋼にみられる遅れ破壊のように溶解過程よりも割れが先行する水素脆性（HE）を含む（事例17参照）．SCCはさ

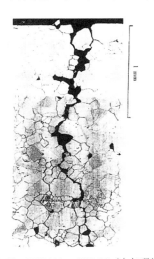

図6.47　SUS304のIGSCC（大気環境）

まざまな分野でみられ，化学プラントや石油化学プラントのステンレス鋼製熱交換器，ステンレス鋼製貯湯タンク，屋外プラントにおけるステンレス鋼配管の保温材下の外面 SCC の腐食事例などが知られている．保温材下のステンレス鋼配管外面に起こる SCC は保温材に雨水が浸入し，保温材中の塩化物イオンが浸出され，鋭敏化したステンレス鋼配管に粒界応力腐食割れ（IGSCC）が生じるもので，**保温材下腐食**（CUI．事例 36 参照）という．SUS304 ステンレス鋼の IGSCC を図 6.47 に示す．

［対策］

- ステンレス鋼の耐孔食性を高めるモリブデン Mo や窒素 N が添加された，クロム含有量の多いステンレス鋼を用いる．水中の塩化物濃度，DO，残留塩素濃度を低下させる．海水に耐えるためには $PRE > 40$ のスーパーステンレス鋼を選定する必要がある．
- ガスケット材料には塩化物イオン含有量の少ないものを用いる．材料面では，孔食の場合と同様に，クロム含有量の多いものほど耐すき間腐食性は優れている．
- 材料・環境・応力の三要素の面から対策を考える必要がある．材料面からは溶接に際して鋭敏化しにくい低炭素ステンレス鋼を用いる．環境面では塩化物イオンや溶存酸素の濃度を低下させる．溶接に際しては残留応力が生じないようにする．

事例 34　ステンレス鋼の加工フロー腐食

材料：ステンレス鋼

1982 年に，東海核燃料再処理施設において，SUS304L ステンレス鋼製の酸回収蒸発缶の溶接部に腐食が生じ，それによる漏洩事故が発生した．この施設では，高温高濃度の硝酸溶液が使用され，溶解した核分裂生成物には酸化性の強い酸化剤（腐食性が強い）が含まれていた．管材や厚板材は，鋳造品を鍛造することによって鋳造組織が加工方向に延ばされ，集合組織となる．鋳造時，もっとも遅く冷却された部分に不純物が濃縮され，鍛造によって不純物を含む組織が圧延方向に延ばされる．その結果，不純物を多く含むストリンガーは腐

食感受性が高くなる．再処理施設における溶解槽や酸回収蒸発缶には，高温高濃度硝酸溶液が用いられるため，腐食性は非常に強いので，ステンレス鋼の電位は過不動態域に高められ，粒界腐食が生じやすい．鍛造品は，図6.48に示すように，不純物を含む繊維組織のストリンガー（糸状）に沿って腐食が急速に進行する．これを，**加工フロー腐食**（end grain corrosion）またはトンネル腐食という[1]．

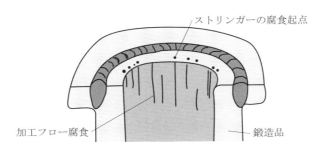

図6.48　加工フロー腐食の模式図

さらに，核燃料再処理環境では核分裂生成物に含まれるネプツニウムNp，ルテニウムRuが高い酸化還元電位を有しており，ステンレス鋼の電位をさらに高い過不動態電位域に高める．

一方，有機酸を含む調味料製造で使われているSU316ステンレス鋼製スタティックミキサーにおいても，加工フロー腐食が起こることがある（図6.49）．図からわかるように，繊維組織に沿ってところどころストリンガーが表面に顔を出し，その部分に腐食孔がみられる．

図6.49　スタティックミキサーに起こった加工フロー腐食

[対策]

- 加工集合組織の横断面が露出しないような構造設計上の工夫や横断面に肉盛り溶接を行う.
- 核燃料再処理施設は,強酸性でかつ高酸化性であることが腐食を促進する原因の一つであるので,減圧蒸留法によって沸点を低下させることで腐食性を低下させる.
- 過不動態域におけるステンレス鋼は粒界腐食を生じやすいので,低炭素ステンレス鋼が用いられる.極低炭素ステンレス鋼でも加工フロー腐食は避けられないが,ケイ素 Si,硫黄 S,リン P などの不純物濃度を極力低下させることが対策となる.ステンレス鋼製からジルコニウム Zr 製や Ti-5%Ta 合金への変更も考えられている.
- 有機酸は弱酸であるが,食品製造工程の場合は低 pH が持続するので,より耐食性の優れた高クロムステンレス鋼への変更が考えられる.

参考文献
1) 木内 清:日本原子力学会誌,vol. 31,no. 2,p. 229,1989.

事例 35 配管の保温剤(断熱材)下腐食と応力腐食割れ

材料:ステンレス鋼,炭素鋼

　化学プラント,石油化学プラント,石油精製プラントなどにおいては,とくに屋外のプラントにおける配管や塔槽類の外面腐食の対策が重要な課題となっている.この腐食を**保温材下腐食**(corrosion under insulation:CUI)または**断熱材下腐食**という.日本には高度経済成長期に建設された多くのプラントがあるが,それらの経年劣化が進んでおり,保温材下腐食の問題が懸念されている.配管の腐食によりプロセス流体が漏洩する事態になれば,プラントを停止することになり,修理・復旧に伴う費用だけでなく,大きな経済的損失も被ることになる.この分野は厳しい国際競争に曝されているため,新しいプラント建設が難しい状況にあるなか,既存の経年劣化した設備をいかに保全し,安全に使用していくかが重要な課題である.

　図 6.50 に示すように,屋外では炭素鋼管やステンレス鋼配管は保温材で包

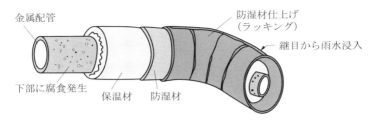

図 6.50　屋外配管の保温材下腐食

まれ，通常，外面は鉄板外装されている．外観的に完全に見えても，鉄板外装の継ぎ目，ノズル部分から雨水が浸入し，それによって内部の稼働温度の昇降による結露が生じ，続いて保温材中の腐食性物質（Cl^-，F^- など）が浸出する場合がある．それが長期にわたると，鋼管外面が腐食する原因となる．ステンレス鋼配管は，保温材中の塩化物イオンが雨水に浸出し，また海岸地帯では海塩粒子の影響を受け，オーステナイト系ステンレス鋼管の外面応力腐食割れ（ESCC）を引き起こす．割れの形態は粒内応力腐食割れ（trans granular stress corrosion cracking：TGSCC）である場合が多いが，保温材を施さないオーステナイト系ステンレス鋼配管では，外面に結晶粒界に沿った粒界応力腐食割れ（IGSCC）が起こった事例もある．アメリカでは図 6.51 に示すように，ASTM-C795 に保温材の成分とステンレス鋼の使用許容範囲が示されており，日本でもこの基準に基づいて対応していることが多い．

CUI の環境側要因は，水分と大気からの塩化物イオンの影響が考えられる．

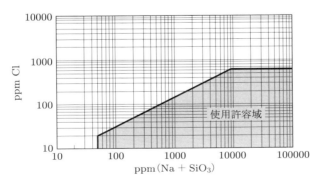

図 6.51　可溶性 Cl^- と（$Na + SiO_3$）イオン濃度による保温材の使用範囲（ASTM-C795）

なかでも保温材に含まれる塩化物イオン濃度が大きな影響を及ぼす．炭素鋼配管については塗膜の経年劣化による局部的な腐食があり，ステンレス鋼管の保温材としては，泡ガラスブロック，マグネシア質のもの，グラスファイバ，硬質ポリウレタンなどさまざまな種類のものがあるが，どの材料でも SCC が確認されている．これらの材料中に含まれる塩化物イオン濃度は必ずしも高くないが，実際に SCC を生じた事例を調べた結果，表面部から採取された保温材には，塩化物が全体の 10 倍近くの濃度になっている場合があった．このことから，雨水や付近の施設からの水しぶきなどを吸い込んで，保温材中の塩化物イオンがステンレス鋼表面に濃縮し，溶接や加工による残留応力と相まって SCC 感受性を高めたものと推測されている．

1970 年代，ウレタン保温材下のタンクの SCC が大きな問題となった．消防庁の調査の結果，全国で 787 基あったウレタン保温屋外タンクのうち 175 基に腐食が認められたことが報告されている[1]．保温材によるステンレス鋼の ESCC は，吸水と塩化物イオンの濃縮，および高温の腐食性の強い環境で起こる TGSCC が起こることが特徴である．ウレタンには難燃性成分として TCEP（トリ 2 クロロエチル・ホスフェイト）が含まれているが，TCEP は高温で水分を吸収して加水分解を起こし，塩化物イオンが溶出される．しかも同時に塩酸を生成するため，腐食性は著しく増大する．このように，ウレタンは各種保温材の中でも ESCC を起こしやすい．このため，ウレタンによる TCEP に代えて難燃剤として APP（アンモニウムポリホスフェイト）が用いられる．

保温材下配管外面の腐食は，保温材に含まれる水分や塩化物イオンの浸出が原因であるから雨水の浸入を防止することがもっとも重要な対策であるが，雨水が浸入するつなぎ目はたくさんあるので現実的にこの対策を実施するのは難しい．また，プラントは保全のために 10 年ごとなど，一定の周期で検査が行われるが，プラント配管の総延長距離は長く，すべての保温材を剥がして目視検査を行うことは多額の費用と労力を要するために現実的ではない．そこで，プラントメンテナンス協会やエンジニアリング協会が策定した CUI 対策ガイドライン[2]では，あらかじめ検査を行う手順を決め，重要施設の配管からスクリーニング検査を行って優先順位を決定し，保温材を剥離して検査する手順が示されている．CUI 対策ガイドラインで示されている項目は，① CUI の管理，② CUI の発生メカニズムと腐食評価，③ CUI 検査のための基本手順，④非破壊検査技術使用法，などである．

事例36　ステンレス鋼製水槽の腐食と材料選定 | 151

[対策]

- 塩化物イオン含有量の少ない保温材を選定する．水分の侵入は稼働温度の昇降による結露も考えられ，保温材難燃物質の分解によっても増加する．したがって，保温材中の塩化物イオンの濃度を測定し，閾値を設定してそれを超えた配管は更新するなどの対応が必要である．
- ステンレス鋼管や塔槽類の外面応力腐食割れ（ESCC）対策としては，水の浸入を防止する，塩化物を除去する，材質を変更する，残留応力を低下させるなどがあるが，腐食抑制剤（インヒビター）の使用がもっとも有効である．とくにケイ酸ソーダ Na_2SiO_3 が効果的である．保温材としてはグラスウール，ロックウール，セラミックファイバ，発泡プラスチック（ポリスチレンホーム，硬質ウレタンホーム，ポリエチレンホーム），ケイ酸カルシウムなどがあり，JIS A 9501 にある各種保温材の選択基準を参考にして決める．
- 保温材の塩化物イオン濃度が高いほど，腐食抑制剤の濃度を高める必要がある．オーステナイト系ステンレス鋼に対しては，塩化物イオンによる腐食割れが懸念されるため，可溶性のケイ酸ナトリウム濃度を高める必要がある．
- 保温材を使わない場合，オーステナイト系ステンレス鋼の ESCC の対策としては，塗装やコーティングなどの被覆が確実である．材料面からは SUS304 から金属組織が鋭敏化しにくい SUS304L や SUS316L に変更する．

参考文献
1) 「消防危第51号——保温材としてウレタンフォームを使用する屋外貯蔵所の取扱いについて」，1976.
2) 石油精製業および石油化学工業における保温材下配管外面腐食（CUI）の維持管理ガイドライン，エンジニアリング協会，2014.

事例 36　ステンレス鋼製水槽の腐食と材料選定

材料：ステンレス鋼

　受水槽や高置水槽は，FRP パネル式やステンレス鋼製である．ステンレス鋼製受水槽のほうが強度と耐久性に優れている．しかし，導入初期には，SUS304

やSUS316ステンレス鋼製水槽内面において，液相部に腐食は認められないものの，気相部胴まわりで全面にわたってまだら状に黒色や赤褐色の錆の生成がみられる場合がある．一部であるが，腐食が外面に貫通した事例もある．水道水を貯えるSUS304やSUS316ステンレス鋼製水槽の気相部は，しばしば孔食をはじめとする局部腐食によって貫通することがあるが，その原因は主に水道水中に含まれる残留塩素である．

受水槽の材質構成例を図6.52に示す．液相部の側板と底板はSUS444，補強材にSUS304，気相部はSUS329J4Lが用いられている．この構成の受水槽で，設置後2年で，側板パネルのSUS444，補強材のSUS304の一部分が気相に曝され，いずれにも発錆がみられた．ただし，気相部の側板・天板には錆の発生はみられなかった．原因は一時的な水位低下によりSUS444や補強材のSUS304が気相に曝されたことであったので，受水槽内の水位を元のSUS329J4Lの位置まで達するように運用のしかたが改められた．

水道水の供給が吐水口から落下するようになっている受水槽の場合には，水槽気相部内面の鋼板上には水滴や水膜が形成され，それに塩素（実体は次亜塩素酸）が再溶存する．気相中は酸素濃度が飽和か過飽和になっているため，ステンレス鋼板表面は強い酸化性の雰囲気に曝されている．その結果，ステンレ

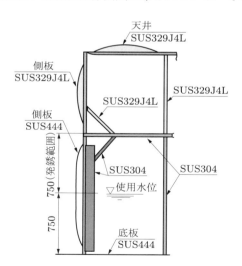

図6.52 受水槽の材料構成
（[出典] 山手利博：材料と環境2008予稿集，D-306，p.443，2008．）

ス鋼の電位は孔食発生の臨界電位を超え，不動態皮膜は局部的に破壊されてピットを生じる．いったん，不動態皮膜が破壊されると，塩素（次亜塩素酸）が存在しなくても，溶存酸素濃度が十分高いため，ピット内とピット外健全面の間に形成される酸素濃淡電池が原動力となって孔食が進行する．ピット内の液性は，加水分解作用により酸性化するので，ピットから溢れ出た液は不動態皮膜の溶解度を高めて不安定になり，腐食が広がっていく．それに対して液相部の次亜塩素酸や溶存酸素は，バルク濃度以上にはならないので腐食性は高くはならない．

水槽の気相の側部に生じた結露水の塩化物イオン濃度とpHの関係を図6.53に示す．塩素イオン濃度の増加とともにpHが低下し，時間の経過とともに腐食が著しくなり，15ヶ月後には塩化物イオン濃度は数百ppm，pH3程度まで低下して発錆がみられるようになった．塩素が凝縮水に再溶解し，pH低下と塩化物イオン濃度の著しい増大が起こることがわかる．水道水中の塩素は酸化性が強く，微量であっても応力腐食割れを促進しやすい．気相部を強制的に排気する対策をとることがあるが，排気した先で腐食のトラブルを生じるので注意が必要である．

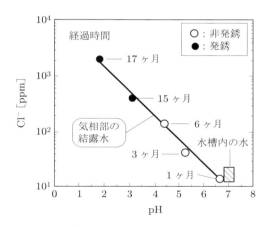

図6.53　水槽気相部に生じた結露水の塩化物イオン
　　　　濃度とpHの関係（25Cr-14Ni-0.80Mo-0.2N）
　　　（[出典] 中田潮雄：材料と環境, vol.48, p.500, 1999.）

[対策]

- 気相部の構造材には二相系ステンレス鋼の SUS329J4L が用いられるが，腐食性が著しく，溶接施工時の酸化スケールの除去が不十分な場合には腐食が起こる．液相部には高純度フェライト系ステンレス鋼 SUS444 や SUS316L を用いるのが一般的である．SUS444（19% Cr-2% Mo）はフェライト系ステンレス鋼であるため活性経路腐食（APC）の SCC は起こらない．SUS316L か SUS444 のどちらにするかは溶接性，ソケットやフランジなどの付属部品の接続の問題，経済性などを考慮して決める．
- ステンレス鋼製水槽に水道水を蓄える場合は，気相部ができ，そこに塩素ガスが溜まりやすい．そこで，気相部のステンレス鋼内面にエポキシ樹脂を塗装する方法が有効である．また，補助水槽に水を貯め，水位調整装置によって主水槽を満水状態に保つことも対策となる．

事例 37　ステンレス鋼製タンクの微生物腐食

材料：ステンレス鋼

ステンレス鋼管およびタンクの溶接金属や溶接熱影響部で，局部的に著しく腐食し，竣工後比較的短期間に漏水を生じる事例がしばしばある．この種の腐食の特徴は，従来から経験されているすき間腐食や孔食とは異なり，侵食率が著しく高いことである．近年になって，微生物腐食（MIC．微生物誘起腐食ともいう，3.4 節(6)参照）と認識されるようなった．

従来，嫌気性環境で増殖する硫酸塩還元菌（SRB）による炭素鋼の腐食が，代表的な MIC として知られていたが，好気性環境でステンレス鋼管やタンクに発生する MIC がみられるようになった．しかし，MIC を特徴づける好気性菌の菌種は特定されていない．ある事例では，容量約 3000 L の SUS304 ステンレス鋼製タンクの保温ジャケットに，設置から 1.5 年経過した時点で溶接部に漏水が発生した（図 6.54）．このタンクは，食品を 40 ℃に保持するために，保温ジャケットにプラグヒーターを挿入して内部の水を加熱するしくみになっている．ジャケット内の水はほとんど入れ替わらないこと，孔食が溶接ビード上に起こり，侵食度が 4.5 mm/y と著しく大きいことから，この事例は MIC と

事例 37　ステンレス鋼製タンクの微生物腐食　155

図 6.54　SUS304 ステンレス鋼製タンクの保温ジャケットに発生した孔食

判断された．

　ステンレス鋼に生じる MIC は，河川水を原水とするボイラ給水用 SUS304 ステンレス鋼配管（4 mm/y），軟水器用 SUS304 鋼製タンク，SUS304 保温ジャケットの滞留水（4.6 mm/y），排水処理施設における SUS304 の溶接部，SUS304L 製配管で工業用水による耐圧テストを行った後の溜まり水，原子力発電所の安全装置で水を長期間張ったままの配管などで報告されている．また，新設して間もない SUS304 ステンレス鋼製タンクが，水圧試験を行って水抜き後 2.5 ヶ月放置した結果，タンク底面（肉厚 2.5 mm）に残った溜まり水の部分に著しい腐食孔がみられた事例もある．このときの見かけの侵食度は 12 mm/y にも達した．これは従来の孔食やすき間腐食機構では説明が困難であるため，MIC の可能性が高い[1]．

　これらの事例に共通した特徴は，溶接部で起こっていること，腐食速度が著しく大きいこと，侵食度が数 mm/y にも達していることである．このほか，インク壺状に奥深くに侵食が広がっていることを特徴とする事例がある．

　これらの腐食が MIC であることを証拠づける検証はいまだ明らかではないが，実験室やフィールドで MIC を再現する実験は行われている．その結果によると，MIC が発生する前兆としてステンレス鋼の自然電位が貴化し，孔食電位やすき間腐食の臨界電位を超えることが知られている．一般に，電位が貴化する現象は，溶存酸素や残留塩素のように酸化剤濃度が高い場合に起こりやすい．したがって，鉄酸化細菌のような好気性菌が存在すると，何らかの酸化性

の強い代謝生成物を放出するためにステンレス鋼の電位が高くなるものと推測される．図 6.55 は 30 ℃の人工海水と天然海水中における SUS316L，29Cr-4Mo-2Ni 鋼の自然電位の経時変化を示している．微生物が生息しない人工海水中では SUS316L は低い電位にとどまり，孔食は生じないが，天然海水中では時間の経過とともに電位が上昇し，すき間腐食の発生とともに電位が急に低下するのが認められる[1]．高クロム含有量で耐食性に優れた 29Cr-4Mo-2Ni は局部腐食を生じないので，電位は高い値に達している．

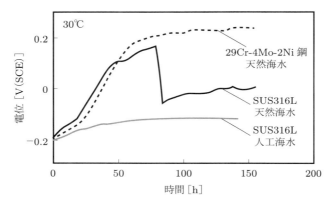

図 6.55　人工海水と天然海水中におけるステンレス鋼の電位変化
（[出典] 幸 英昭，天谷 尚：第 100 回腐食防食シンポジウム資料, p.16, 1994.）

一般に，ステンレス鋼の孔食やすき間腐食は，それぞれ特有の局部腐食発生電位があり，何らかの原因でその臨界電位を超えて起こると考えられている．電位の上昇は酸化剤の濃度によるが，溶存酸素以外では塩素のような強い酸化剤が存在する場合にはじめて可能になる．強い酸化剤を含まない天然海水中でステンレス鋼の電位が貴化する原因は明らかではなかったが，その後の研究から微生物の代謝生成物が原因ではないかと考えられるようになった．ステンレス鋼上に微生物の作用でバイオフィルムが生成され，そこで好気性菌の代謝作用によって過酸化水素 H_2O_2 が生成され，その酸化力がステンレス鋼の電位を貴化するものと考えられている．

[対策]

- 水質の改善，バイオフィルムを剥離/除去する，バイオサイド（biocide）による処理などの方法がある．水の停滞やそれに伴う汚れは，MICを誘起する原因になるので，水の入れ替えを頻繁に行って清浄に保つことが必要である．バイオサイドとは本来は殺生物剤を意味し，微生物を殺傷したり不活性化したりする化学物質である．
- 酸化性のバイオサイドとして過酸化水素，次亜塩素酸ナトリウムを注入して系内を循環させて物理的に剥離，殺滅する方法がある．従来，スライムコントロール剤として使われている次亜塩素酸や次亜臭素酸などのバイオサイドはMICの緩和にも有効で，臭素は塩素系より良好な処理効果を得られる．非酸化性の有機物系のバイオサイドは酸化性バイオサイドに比べて腐食性は弱く，持続性がある．

参考文献
1) 第125回腐食防食シンポジウム資料，p.81，腐食防食協会，1999.

事例 38 ステンレス鋼管の土壌腐食

材料：ステンレス鋼

　SUS304やSUS316ステンレス鋼が土中に埋設して使われるようになったのは，比較的最近のことである．従来，ステンレス鋼は，プラント配管に用いられることが多く，土中に埋設されることは少なかった．それは，海岸近くの塩分濃度が高い土壌を除けば，一般のローム質土壌は腐食性が高くはなく，土中におけるステンレス鋼の腐食特性については十分なデータがなかったからである．

　東京都は1980年に道路下に埋設されている鋳鉄製の配水小管の，サドル分水栓以降に使われる鉛管をステンレス鋼管（SUS316）に敷設替えすることを決定した．東京都におけるステンレス鋼配管（波状管）の土壌埋設の模式図を図6.56に示す．薄肉のステンレス鋼管は，小管径であればメカニカル継手で接続されるが，青銅製継手を用いるとその外面に著しい腐食が生じるので，現在では継手についてもステンレス鋳鋼製の継手に変更されている．

◆ステンレス鋼◆

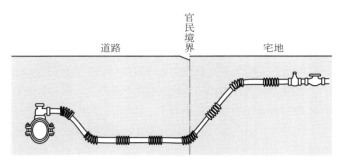

図 6.56 ステンレス配管（波状管）土壌埋設の模式図
（[出典]（株）昭和螺旋管製作所技術資料.）

　土中のステンレス鋼管の耐食性を調べるため，ステンレス協会は，全国 25 カ所の試験場で，ステンレス鋼管と各材質の継手を組み合わせて 1979 年から 10 年間にわたって土壌埋設試験を行った．その結果，SUS304 の管を地平面に平行に埋設した場合に，一部変色がみられたものの，全体として良好な成績であった．海洋環境の試験地では，地平面に平行に埋設したビニルテープを巻いた SUS304 にすき間腐食が生じた．同様に埋設された SUS316 は，沖縄地区の塩化物濃度が高い場合を除いて，全般的に SUS304 より優れた耐食性を示した．縦埋設の場合には，SUS304 は一部の管の下部に孔食の発生が認められ，SUS316 はビニルテープを巻いた部分に限ってテープの下ですき間腐食がみられた．この試験ではすき間腐食を調べる意図はなかったため，ステンレス管内への水の浸入を防ぐためにゴム栓を施し，それにビニルテープを巻いていた．

　縦埋設では通気性の良い管上部がカソード，酸素が欠乏しがちな下部がアノードとなって酸素濃淡電池によるマクロセル機構が作用するものと考えられる．SUS304 に孔食が生じても，SUS316 に腐食が生じなかった場合も多く，一般土壌中で SUS316 は耐食性が優れていることが明らかになった．

　深さ 90 cm の実験槽を用いた 10 年間の埋設試験[1]では，湿潤土中の塩化物イオン濃度を 100，150，500，1500 ppm に変化させて，SUS304 と SUS316 ステンレス鋼管を縦埋設した．その結果，1500 ppm の塩化物を含む条件では，SUS304 と SUS316 のいずれの場合も，縦管の下部に孔食を生じ，板厚を貫通し，テープを巻いた試験体ではすき間腐食の発生が認められた．

　戸建住宅周囲の土中に防食テープを巻いた一般配管用ステンレス鋼管（SUS304）を埋設したところ，テープを巻いた箇所の下部からすき間腐食が発

生した事例がある．従来，白管や炭素鋼管を土中に埋設する場合は，防食テープを巻くのが一般的であったため，ステンレス鋼管に対しても防食テープを巻いたが，それがかえってすき間腐食を引き起こす原因となった．ステンレス鋼は不動態皮膜によって耐食性が維持されているため，土中では基本的に被覆せずに不動態皮膜の耐食性に期待されている．

[対策]
- 「建築用ステンレス配管マニュアル」によれば，海水が湧き出る海水湿潤地帯，ガスが吹き出す温泉地帯など特殊地域では，必ずペトロラタム系防食テープで配管を巻くように規定されている．ただし，ステンレス鋼管を縦埋設する場合は，マクロセルを形成して下部が腐食しやすくなる．また，防食テープを巻くことによってかえってすき間腐食が発生する場合がある．
- 横須賀市では，1985年から土壌埋設ステンレス分岐配管にはSUS304にポリエチレン（PE）スリーブを被覆して埋設するポリエチレンスリーブ法がとられている．これは，管全体にわたって約0.2 mm厚さのPEを被覆する方法で，30年以上も前からアメリカやイギリスでダクタイル鋳鉄管の地下埋設に行われてきた．管と土壌が直接接触することを防ぎ，PEに地下水が浸入したとしても，その水は自由に移動することができず停滞するので，酸素が消費され，それ以上の腐食は進行しないとしている．
- 配水小管からの取り出しは，伸縮可撓継手を用いると多くの継手を必要とするので，現在ではステンレス波状管が用いられる．

参考文献
1) ステンレス協会：水道用ステンレス鋼管土壌腐食試験10年間埋設試験結果報告，1997．

事例 39　スイミングプール付帯設備の腐食

材料：ステンレス鋼

　2001年，オランダにおいて，屋内スイミングプール施設の天井が崩落する事故が発生した．幸い営業時間外であったため，人身事故には至らなかったが，数百kgの空調機を吊り下げていたユニットが天井に落下し，その重さに耐え

きれなくなった天井全体がプールに落下した.

　この施設は，ステンレス鋼製の吊り金具を使って天井を吊り下げる構造で，ヨーロッパ各地に多くみられる構造の施設であった．この種の施設は，通常，図 6.57 に示すように，躯体に埋め込まれたインサートに吊りボルトをねじ込み，先端にとりつけたハンガーで天井を支える機構になっている．日本では亜鉛めっき鋼製の吊りボルトが用いられている場合が多いが，構造自体は同じである．

　事故後の調査の結果，空調ユニットやエアチャンネルを吊り下げていたステンレス鋼製のつり棒が応力腐食割れ（SCC．3.5 節(4)参照）によって破断したことがわかった．SCC は，通常，55 ℃以上で起こるとされている（ヨーロッパにおける見解）．しかし，この事故が起こったスイミングプールの屋内環境の室温は，水温より 1 ℃高い 30 ℃で設定されていたため，この事故の原因は，エアロゾル中に強い酸化剤である次亜塩素酸を含んでいること，ファスナーやねじ加工を行ったことによる内部応力との複合的な作用によるものと考えられている．

　屋内スイミングプール施設におけるステンレス鋼の SCC による事故は，この施設だけではない．1985 年には，スイスのウスターで竣工から 13 年が経過した室内プールの屋根が完全に崩壊し，12 名の死者が出る事故が発生した．この事故の原因は，調査の結果，304 ステンレス鋼ロッドに著しい孔食の発生が

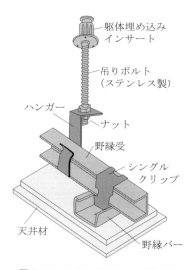

図 6.57　天井吊りボルトの模式図

認められたことから，プールから発生した蒸気が，夜間の温度低下によってステンレス鋼上に結露するが，この結露と乾燥が繰り返されて，水膜や水滴に塩化物イオンが濃縮し，孔食が発生し，SCC に進展していったと推定された[1]．2003 年にも，フィンランドのホテルのプールで 304 ステンレス鋼ロッドの SCC による天井の落下事故が発生している．

ヨーロッパ各地や日本では，レジャー施設の増加に伴って温水プールが増えたが，その際，屋内施設には装飾性，清潔性，メンテナンス性などから好んでステンレス鋼が採用された．温水プールの室内温度は，水温より 1℃ 高く保たれている程度ではあるが，湿度は高く，また消毒に使われる塩素濃度も高いため，腐食性が高い環境になることは避けられない．このような環境に曝されたステンレス鋼製吊りボルト上には，水膜や水滴に塩化物や塩素が溶け込み，孔食が発生し，またつり金具は引張応力を受けているので，SCC に発展したもの

表 6.11　スイミングプールの設備の部位と材料選定

腐食	状況	例	適切なグレード
非 SCC の場合	十分水に浸っているか濡れている場合．	プールランニング，プールはしご，プールサイドのレール，ダイビングボードなど．	316 級の Mo-Cr-Ni 鋼，適切に維持管理されるなら 304 級の標準 Cr-Ni 鋼．
	プールの水がかかるところ．ただし負荷がかからない場合．	更衣室の付属器具，ロッカーなど．	
	プールホールの雰囲気，安全装置が付いていないか負荷がかからない場合．	装飾用パネル．	
	プールホール雰囲気から離れている場合．	カフェやエントランスロビーの付属器具．	
SCC の可能性がある場合	安全装置に負荷がかかっている状態で，洗浄，清掃されないプール雰囲気の構造物．	吊り下げられた照明設備，スピーカ，配管コンジットなどの支持．	高合金オーステナイト系ステンレス鋼（20Cr-18Ni-6〜7Mo，20Cr-25Ni-6〜7Mo，24Cr-16Ni-4Mo）など．
		吊り天井のサポート，排気ダクトや滑り台のロッド/バー支持．	
		滑り台その他のワイヤロープ．	
		構造物の締め具．	

と推定される．

イギリス，ドイツ，スウェーデンをはじめとするヨーロッパ各国では，これらの事故の調査結果に基づいて，設計・施工・オーナー・施設管理者の専門家により，事故防止のためのガイドライン[2]が作成されている．表6.11にスイミングプールの設備とステンレス鋼の選定条件のガイドラインを示す．

> [対策]
> ヨーロッパにおいて制定された事故防止のためのガイドラインによれば，負荷のかかるステンレス鋼製吊り棒や支持棒の応力腐食割れに関してつぎのように提案されている．
> - 重要なコンポーネントに対して定期的な検査や清掃を行う．
> - 材料選定に関して，304や316ステンレス鋼は使用しない．
> - ステンレス鋼を用いる場合は，二相ステンレス鋼や6％Moスーパーステンレス鋼などの高耐食ステンレス鋼を用いる．

参考文献
1) C. L. Page and R. D. Anchor：*The Structural Engineer*, 66/24, 20Dec., 1988.
2) Stainless steel in swimming pool buildings, *Nickel Institute Publication*, no. 12010, NiDI, 1995.

事例40　原子力発電プラントにおける腐食

材料：ステンレス，ニッケル合金

日本の原子力発電プラントは，2010年には総計54基になり，総電力量に占める原子力の割合は35％にも達したが，2011年3月11日の東日本大震災で福島第一原発が大津波に見舞われ，稼働停止に追い込まれた．

日本で導入された原子力発電プラントには，BWR（沸騰水型）とPWR（加圧水型）がある．図6.58にBWRとPWRの構造の模式図を示す．BWRは核反応によって熱せられて発生した蒸気がタービンを直接回すのに対して，PWRは核反応で加熱された一次冷却水が熱交換器で二次冷却水を加熱し，それによってタービンを回す．

原子力発電プラントでは，冷却水（イオン交換水）が漏水すれば，放射性物

事例40 原子力発電プラントにおける腐食

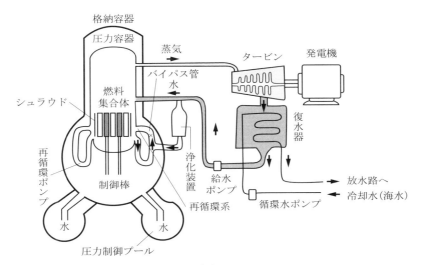

(a) BWR

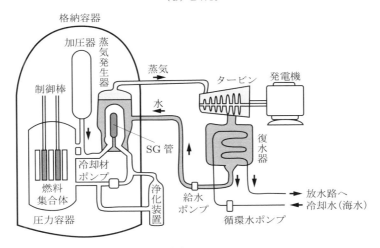

(b) PWR

図6.58 原子力発電プラントの模式図

質の漏洩につながるため，冷却水配管の腐食は非常に重要な問題である．

(1) BWRにおける腐食事例

BWRの腐食事例としては，1966年本格的に運転が開始された東海村動力炉のステンレス鋼配管にひび割れを伴った応力腐食割れ（SCC）がある．1972年，

商業炉の稼働とともに，とくにBWR炉内の冷却水を循環させるための再循環系ステンレス鋼配管（SUS304）はしばしばSCCの事故に見舞われた（事例34参照）．SCCはステンレス鋼配管の溶接熱影響部に発生し，主に結晶粒界に沿ってひび割れが進展する．このタイプのSCCは化学プラントなどでも起こったことがあるが，ほぼ純水に近い環境で発生したことから，当時としては意外な腐食であったといえる．

1974年にアメリカの原子力発電プラント Dresden 2 号の再循環系の 304 ステンレス鋼バイパス管の熱影響部にSCCが発見された．その後，各地のプラントにおいて同様のSCC問題が発生した．原子力発電プラントに生じるSCCは，放射能閉じ込め機能の観点から安全性にかかわる問題として重視され，材料面，溶接技術，水処理などの面から対策が行われた．

その後，2000年代に入って燃料体を取り囲む円筒状のシュラウド（SUS316L）にもSCCがみられようになった．それは，非鋭敏化低炭素ステンレス鋼に生じたSCCで表面硬化層によるものであった．シュラウドのSCCは溶接後のグラインダー加工による表面加工層を起源に貫粒割れに発展したもので，深くは進展しない．したがって，ひび割れ部に板をあててボルトで締め付けるブランケット法や引張残留応力をピーニング加工で圧縮応力に変える対策などがとられた．

一方，軽水炉の炉内構造材料は，高レベルの中性子・ガンマ線の照射を受け，格子欠陥や空孔などのミクロ欠陥により機械的特性に変化が生じ，中性子照射により硬度が上昇し，**照射誘起応力腐食割れ**（irradiated assisted stress corrosion cracking：IASCC）が起こる．ステンレス鋼は中性子照射量が $5 \times 10^{24} \sim 10^{25} \, \mathrm{n/m^2}$ 以上になるとIASCCの感受性が増大するが，この中性子照射量に達するには60年以上かかると考えられている．

一般に，ステンレス鋼のSCCは水質の腐食性，材料の鋭敏化，引張応力（溶接残留応力）の三要素が重畳した条件で発生する．当時，原子炉水は，炉水温度 288℃，給水の溶存酸素濃度（DO）は 20～200 ppb，pH 5.8～8.6，塩化物イオン 100 ppb 以下という厳しい水質管理が行われていた．とくに，DO は酸化性を高めるために厳しく制御されていた．水の放射化分解によって生じる酸素やラジカルも腐食促進要因と考えられた．材料面では，溶接施工により 400～800℃の温度範囲に加熱された領域で結晶粒界に沿ってクロム炭化物 $Cr_{23}C_6$ が析出し，その極近傍ではクロム欠乏層が生じて不動態条件が維持されず，い

わゆる鋭敏化組織（腐食感受性が高い）となる．応力に関しては現場で溶接されるときに大きな引張残留応力が発生することが原因であった．

BWRの一次冷却系配管に使用されているステンレス鋼の腐食によって放出される腐食生成物（錆）や放射化されたコバルト60 Co^{60} が配管内面やバルブ・機器に沈着して放射能が高くなり，定期検査において作業員の被爆原因になることがある．このような腐食生成物は，クラッド（CRUD：chalk river unknown deposit）とよばれる．溶存酸素濃度の低い高温水中ではマグネタイト Fe_3O_4 の溶解度は高く，固着しにくい．そこで，給水中に微量の酸素を注入することによって，ヘマタイト Fe_2O_3 皮膜を形成させ，腐食生成物の放出を抑制した．その後，亜鉛注入によりクラッド濃度は著しく低下することが明らかになっている．

(2) PWRにおける腐食事例

PWRの一次冷却水中には，中性子吸収能の高いホウ素がホウ酸として添加されている．ホウ酸の腐食性を抑制するために，水酸化リチウム（Li：0～3.5 ppm）が用いられる．さらに，水の放射線分解によって生成する酸素の影響を抑制するため，水素ガスで加圧される．PWR二次系ではSG（蒸気発生器）伝熱管に，当初，インコネル600合金が用いられていた．しかし，伝熱管と管板，伝熱管と支持板との間のすき間部では，沸騰伝熱により給水中の微量不純物が濃縮し，伝熱管に減肉現象，デンティング（凹み），一次系水応力腐食割れ（primary water/stress corrosion cracking：PW/SCC），粒界腐食型応力腐食割れ（IGA/SCC）などの局部腐食が発生した．PWR二次系伝熱管の腐食問題に対して，材料と水処理の両面から対策が行われた．材料面からは，ミルアニールを施したニッケル合金600MAから改良熱処理を施した600TT合金や，さらにクロム濃度を高めた690合金が採用された．減肉は管支持板のすき間部で伝熱管に生じ，リン酸塩の濃縮によるものと判断されたため，水処理がリン酸塩処理から揮発性物質処理（AVT）に変更された．デンティングとは海外のプラントで起こった現象で，炭素鋼製支持板の腐食により生成したマグネタイトが管板と伝熱管のすき間を塞ぎ，さらに伝熱管をへこませる障害を引き起こす．デンティングは海水リークが原因と考えられた．PWSCCは伝熱管一次側のベンド部に生じ，拡管時の残留応力に起因するものと考えられた．SG（蒸気発生器）は，当初の予想に反してIGA/SCCやPWSCCの多発により，伝熱管の施栓による効率の低下や検査に手間取るなどの問題が発生し，1994年か

ら 2006 年にかけて 11 基で交換された．

[対策]
- 応力腐食割れ（SCC）は，材料・環境・応力の三要素が重畳した特定の条件で発生するので，これら三要素の観点から対策を考える．材料に関しては鋭敏化しにくい 304 L や低炭素（C < 0.020）の原子力仕様に開発されたステンレス鋼（SUS316NG）の使用，また溶接施工に関しては残留応力を低下させるために管内面を冷却しながら溶接を行う内面水冷溶接法（heat sink weldment：HSW），溶体化熱処理法（SHT），高周波誘導加熱処理法（induction heating stress improvement：IHSI），ショットピーニングなどの対策を行う．
- 水質面からは溶存酸素濃度の制御や監視，塩化物濃度を低下させる対策をとる．また，原子炉が定期点検や燃料交換時に溶存酸素が炉水中に持ち込まれ，それが再起動時に SCC に影響を及ぼすことが明らかになったため，起動時に脱気運転を行うなどの対策がとられる．
- PWR における粒界腐食型応力腐食割れ（IGA/SCC）は，伝熱管と支持板とのすき間部で沸騰濃縮による遊離アルカリの生成が原因と考えられるので，水処理面からは揮発性物質処理（AVT）や管支持板の構造変更により濃縮を防止する方法が行われている．

事例 41 過酷な環境における金属材料と腐食

材料：ステンレス鋼，ジルコニウム，チタン

過酷な腐食環境としては，強酸性，高酸化性，高濃度塩化物，高温・高圧などの極限的な環境が考えられる．なかでも，超臨界水酸化（supercritical water oxidation：SCWO）反応が起こる環境はもっとも過酷な腐食性環境の一つである．

今日，環境問題は重要なテーマであり，PCB，ダイオキシンの無害化処理などと関連して超臨界水を利用した SCWO が検討され，利用されている．水は 374 ℃，21.8 MPa で超臨界状態となり（図 6.59），この状態ではガスや有機物が均一に混ざるため，プラスチックや廃棄物などの有機物の分解に適している．

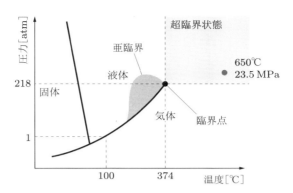

図 6.59　超臨界状態と SCWO 条件

SCWO システムの概念の模式図を図 6.60 に示す．PCB やダイオキシンなど有毒な有機物質を超臨界水中で酸素とともに反応させ，CO_2，H_2O や，HCl，H_2SO_4，H_3PO_4 などの鉱酸にまで分解する．この処理をするためには，容器や器具が超臨界水や分解生成物の腐食性に十分耐えるものでなければならない．常温で耐食性のきわめて優れた材料であるニオブやタンタルは，酸素が存在する条件では数時間で完全に酸化されてしまう．白金や金でも，350℃の塩酸溶液中では可溶性のクロロ錯体を生成して腐食することが報告されている．現在，各方面で材料の探索が進められているが，選択の余地は狭く，きわめて限られた材料に制限される可能性がある．そのなかで，現在用いることが可能なのが，ステンレス鋼，ニッケル合金，チタンである．ステンレス鋼やニッケル合金の腐食試験結果によると，超臨界水よりも亜臨界条件（subcritical）のほうが腐食性が強く，酸化性の強い場合には過不動態電位域のクロムの六価溶解（Cr^{6+} として）による腐食が激しいことが確認されている．チタンは，超臨界の塩酸溶液中で耐食性があることが知られている．

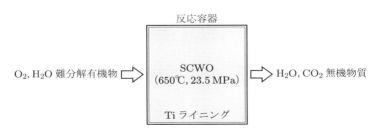

図 6.60　SCWO システムの概念図

マサチューセッツ工科大学のラタニソン（Latanison）は，SCWO システムに耐える万能な材料を見出すことはきわめて難しいとしている[1]．つまり，溶液条件を吟味したうえで，それぞれに応じた材料を使いわけなければならないということである．

原子力の分野では，青森県六ヶ所村に核燃料再処理工場の建設が進められている．核燃料再処理では，使用済み核燃料を高温高濃度の硝酸溶液で溶解し，ウランとプルトニウムを TBP 溶媒抽出し，分離回収する．核燃料再処理溶液は蒸発濃縮して核燃料と硝酸が回収される．使用済みとなったウラン燃料はジルコニウム合金製の燃料被覆管に酸化ウラン UO_2 をペレット状にして装填されている．使用済み燃料棒はせん断した後，溶解槽で常圧沸騰硝酸溶液により溶解する．ジルコニウム Zr は溶解しないので取り出して別途，処分される．硝酸の腐食性は硝酸製造プラントにおいて経験済みであったが，核燃料再処理では使用済み燃料中に放射性の腐食性物質（Ru, Pu, Np）が含まれている．これらの物質は高い酸化還元電位をもっているので，ステンレス鋼は過不動態溶解 Cr^{6+} の可能性がある．

日本では，東海再処理施設において溶解槽，酸回収蒸発缶，高レベル廃液の濃縮缶などの材料面からの検討が行われた．六ヶ所村再処理工場では，東海再処理施設の経験，フランスやイギリスの施設における材料技術が導入されている．溶解槽は高温高濃度の硝酸が用いられるので腐食性が強いため，当初は硝酸製造設備を参考として低炭素のステンレス鋼 SUS304L が用いられたが，粒界腐食を生じて耐食性は十分でなかった．その原因は，沸騰硝酸中では六価クロム Cr^{6+} の生成や核燃料に由来する超ウラン元素 Np や核分裂生成物のルテニウム Ru，プルトニウム Pu などにより溶液の酸化還元電位が高まり，ステンレス鋼の電位が過不動態腐食域に押し上げられるためであった．ステンレス鋼の過不動態域における電位と電流の関係を図 6.61 に示す．Cr^{6+} のみならず，核燃料に由来する Ru^{4+}，Pu^{4+} は強い酸化性により溶液の酸化還元電位をさらに押し上げ，ステンレス鋼の腐食を促進する．過不動態域では，極低炭素の 304ULC，SUS310ULC でも粒界腐食を生じることが明らかになった．フランスやイギリスにおける核燃料再処理設備においては，溶解槽のような常圧運転の機器の場合，ステンレス鋼を採用する限り極低炭素ステンレス鋼でも過不動態域における微量不純物による粒界腐食が避けられないことから，ジルコニウム製の溶解槽が導入された．また，これまでの材料の使用経験やプロセス面に

事例41　過酷な環境における金属材料と腐食

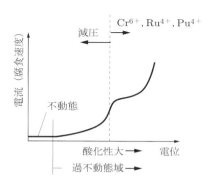

図6.61　核燃料再処理施設における
過不動態腐食の概念図

関するデータをふまえ，減圧蒸発缶を採用して沸点を低下させることによって硝酸溶液の腐食性を低下させるとともに，過不動態溶解を起こさないジルコニウムやチタン合金 Ti-5Ta などの耐食材料が用いられている．

[対策]

- 非酸化物系のセラミックスは分解しやすいが，アルミナやジルコニアベースの酸化物系の材料は耐食性があり，超臨界水環境で使用できる．
- SCWO システムによる PCB やダイオキシンなどの毒性有機物質の分解には，反応容器は内面をチタンライニングすることが耐食性の観点から有効とされる．
- 腐食性の強いプロセスでは，減圧蒸留法で処理温度を低下させる．
- 常圧溶解槽には，耐食性に優れたジルコニウム Zr が用いられる．常圧運転機器の溶解槽には，過不動態溶解を生じない Zr や Ti-5Ta 合金が有効である[2]．

参考文献
1) D. B. Mitton, J. H. Yoon, J. A. Cline, H. S. Kim, N. Eliaz and R. M. Latanison：*Ind. Eng. Chem. Res.*, vol. 39, p. 4689, 2000.
2) 木内 清：日本原子力学会誌, vol. 31, no. 2, p. 229, 1989.

事例 42　給水・給湯銅管の孔食

材料：銅管

(1) 給水銅管の孔食

　水道用・給水用配管に日本で銅管が使われるようになったのは比較的最近のため，銅管における孔食の事例は多くない．一方，イギリスをはじめとしたヨーロッパ，アメリカでは，給水用配管として古くから銅管が使われ，孔食の事例が多い．給水銅管に生じる孔食はⅠ型孔食とよばれ，深さに対して間口が広いのが特徴である．図6.62にⅠ型孔食の模式図を示す．孔食の形態はピット上に炭酸カルシウム $CaCO_3$ と塩基性炭酸塩 $Cu_3CO_3 \cdot (OH)_4$ からなる青緑色のマウンドがあり，ピット内には酸化銅（Ⅰ）Cu_2O が，ピット底には塩化銅（Ⅰ）$CuCl$ が検出される．

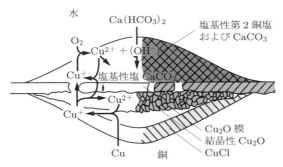

図6.62　銅管のⅠ型孔食の模式図
（[出典] V. F. Lucy : *Brit. Corros. J.*, vol. 2, p. 175, 1967.）

　スコットランド地方のグラスゴー市近郊にある大規模病院では，給水・給湯銅管に漏水が頻発した．1970年代に竣工したこの病院は，584床を有し，竣工後8年頃から天井に漏水によるシミが表れ，年々増大していった．漏水は突然始まるため，看護師らは漏水が発生した際，どのバルブを止めたらよいか訓練を受けたという．漏水は50年以上問題なく使われてきた配管や，竣工後3年の新しい管にも発生した．この地域に発生した銅管の孔食は，スコットランド問題ともよばれた．

　アメリカではワシントンDC近郊のモンゴメリーやプリンスジョージカウン

ティの住宅地において，1990年代中頃から戸建て住宅の給水銅管に孔食が多発するようになった[1]．この地域では1970年代に建てられた住宅が多いが，それまでは孔食の発生はほとんどみられなかったことから，何らかの水質上の変化が生じたものと考えられた．トリハロメタン低減対策，1992年の鉛・銅の溶出規制，感染症の予防など水質保全のために遊離塩素濃度の増大，pHの上昇などの対策がとられたことが原因の一つと考えられた．さまざまな対策がとられたが，根本的な解決には至っていない．

前述したように，日本では給水系の銅管の孔食事例は多くないが，遊離炭酸濃度が高く，pHが低い井水を使用しているところ，公共水道に豊富な河川の伏流水を使用している岐阜，三重などの特定地域では孔食事例が報告されている[2]．ヨーロッパの硬水中で生じるⅠ型孔食と形態は類似しているが，日本では遊離炭酸濃度の高い軟水で生じている．

銅管に発生する孔食は地域性があることから，水質に依存することは明らかであるが，イギリスにおけるⅠ型孔食の研究によると，このタイプの孔食は管内面に形成された炭素質皮膜（carbon film．製管時，潤滑油の焼き付きによって生じる）の欠陥部が孔食の起点となり，孔食の成長を助長すると考えられている．その際，銅管内面を清浄にしたものは銅管の電位は高まらないが，炭素質皮膜のあるものは銅管の電位が押し上げられることが知られ，$+170\,\mathrm{mV}(\mathrm{SCE})$以上になると孔食を発生するという報告がある．ヨーロッパでは，炭素質皮膜を除去するための技術的対策がとられたことがある．日本における給水管への銅管の使用はまだ多くはないが，発生する孔食はⅠ型に分類される．

(2) 給湯銅管に発生する孔食

かつて，東京都内のホテルや病院をはじめとするビルの給湯銅管にピンホールが発生し，漏水がしばしば起こった．1980年代当時，銅管の孔食は東京のホテルなどのほか札幌，博多などでも多発し，なかには竣工後2年で孔食による漏水が始まる事例もあった．一方，横浜，京都，大阪などの都市ではそういった事例は少なかった．銅管の孔食（3.5節(1)参照）には地域性があり，孔食が起こるかどうかは水質に依存している．また，瞬間湯沸かし器のような一過性の給湯銅管には孔食発生の事例はなく，ホテル，病院のように中央循環式で，なおかつ枝管の流れが遅い部分で生じやすい．返湯管の流速の遅い部分で孔食を生じることもあり，その部分を修理し，新しい銅管に変更しても再び早期に孔食が生じることもあった．

孔食により漏水した給湯銅管の内面を観察すると，ところどころ青緑色の盛り上がり（マウンド）が認められる．これを X 線回折で同定すると，緑青の一種である塩基性硫酸銅 $Cu_4SO_4(OH)_6$ であることが多い．東京都内のビル給湯系に生じた孔食発生の状況を図 6.63 に示す．ピット内部には結晶性の酸化銅（I）Cu_2O が詰まっており，底部には塩化銅（I）$CuCl$ が検出された．このようなピットが発生する場合の水質は，炭酸水素イオン HCO_3^- 濃度に対して硫酸イオン SO_4^{2-} 濃度がやや高い傾向がある．さらに，残留塩素濃度が高い場合にも孔食を生じやすい．スウェーデンのマットソン（Mattsson）は，この型の孔食は pH < 7 で，$[HCO_3^-]/[SO_4^{2-}] < 1$（mg/L として）の水質条件で発生しやすいことを指摘した．この比はマットソン比ともいう．東京都内に生じている給湯系の事例においてもマットソンの指摘に合致していることが多く，冷水で生じる I 型孔食とは異なり，II 型孔食と同一の機構で発生するものと考えられている[3]．東京都水は利根川系の水質を反映して硫酸イオンやイオン状シリカの濃度がやや高く，pH も 7.0 をきることが多かった．しかし，近年，東京都水は水質の改善が進められた結果，pH は 7.5 程度と高くなり，また残留塩素濃度は 0.5 mg/L 程度に低下しているため，銅管の孔食感受性は低くなっていると推測される．

図 6.63　東京都内の集合住宅における給湯銅管の孔食事例

北海道の登別市においては 1992 年頃から給水・給湯銅管に孔食による漏水事故が発生し始めた．この孔食はピット上には目立った腐食生成物の盛り上がりがみられないのが特徴で，**マウンドレス孔食**という（図 6.64）．一般住戸の

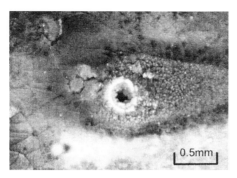

図 6.64　銅管に発生したマウンドレス孔食
([出典] 境 昌宏, 世利修美：材料と環境, vol.57, p.172, 2008.)

給湯器や石油ボイラを使用した個別給湯方式の系統，一過式給湯系や給水系でも生じており，早い場合には通水後3年で漏水した事例もある．

　北海道道南地域における水質上の特徴は，炭酸水素イオン HCO_3^- 濃度に対して硫酸イオン SO_4^{2-} 濃度が高く，なおかつイオン状シリカ濃度が高い（SiO_2 > 20 mg/L）ことである．また，このタイプの孔食は取水源の河川によって起こる場合と起こらない場合があることが，登別市の調査で明らかになっている．

　その後の調査で，マウンドレス孔食は登別市のみならず，鹿児島県，愛知県でも発生が認められた．マウンドレス孔食の発生機構については明らかになっていないが，イオン状シリカが銅管内面に形成される表面皮膜に取り込まれることが一種の不動態化を促し，さらに塩化物イオンと溶存酸素の作用により孔食を生じさせたと考えられている．

[対策]

- ヨーロッパと同様に水質条件によって孔食が発生することがあるアメリカで推奨されている対策としては，水質改善（pH 上昇）がある．
- ワシントン DC において発生した銅管の孔食に対しては，オルトリン酸塩の微量注入（1 mg/L）が行われた．飲料水であるため，インヒビターとしてはオルトリン酸塩やポリリン酸塩の使用に限られる．
- 日本国内で発生している給水銅管のピットの形態や腐食生成物の盛り上がり（マウンド）の組成は，ヨーロッパのI型孔食と類似している．ただし，硬水と軟水という大きな違いがあるため，日本では遊離炭酸の除去による

pH 上昇をはかること,内面スズめっき被覆銅管を使用することなどの対策がとられている.
- マットソン比 [HCO_3^-]/[SO_4^{2-}] < 1 (mg/L として) を改善するために炭酸水素ナトリウム $NaHCO_3$ を添加して pH とアルカリ度を上昇させる.
- 給水配管系に膜式脱気装置を設置し,給湯用補給水として脱気水 (DO < 0.5 mg/L) を供給することにより電位の上昇を抑制する.

参考文献
1) M. V. Veazey : *Mater. Perform.*, vol. 41, p. 16, 2002.
2) 山田 豊,河野浩三,渥美哲郎:第 45 回材料と環境討論会講演集,p. 239, 1998.
3) 馬場晴雄,小玉俊明,藤井哲雄:防食技術,vol. 36, p. 219, 1987.

事例 43 空調用ファンコイルユニット銅管の孔食

材料:銅管

オフィス・テナントビル,病院などの開放式蓄熱槽または地域冷暖房 (DHC) システムなどの空調用ファンコイルユニット (FCU) やエアハンドリングユニット (AHU) の伝熱銅管では,早い場合,竣工後 2 年で孔食による漏水が起こることがある[1].漏水は冷水や冷温水配管の銅コイル・ベンド部に多く発生し,温水単独での事例は施設母数が少ないためか報告されていない.これらの事例に共通した特徴は,ピットの形状は間口が広く,皿状に広がっていることである.ピット上に生成する腐食生成物は塩基性炭酸銅 $Cu_2CO_3(OH)_2$ であり,酸化銅(Ⅱ) CuO,酸化銅(Ⅰ) Cu_2O からなる酸化膜が検出され,微量の塩基性硫酸銅も含まれる.ピット断面の EPMA 分析ではピット底に Cl^- が認められており,冷水系の I 型孔食(欧米の給水銅管)と類似している.一般に,開放系では,銅管内面に配管材料の鉄や亜鉛の腐食生成物や水質に起因する析出物が堆積し,その下で孔食が発生している事例が多い.

FCU,AHU など空調用銅管はリン脱酸銅管であるが,肉厚は 0.35~0.40 mm の薄肉の軟質銅管(O タイプ)が用いられ,製管工程で使用された潤滑油が銅管の焼鈍の際,炭素質皮膜に変質して残存し,それが有効なカソードとしてはたらき,孔食発生を促す可能性が指摘された.また,空調系において

も給湯系と同様に孔食発生の前駆現象として，時間の経過とともに徐々に銅管の電位が高くなることも多くの事例で確認されている．

DHCシステムの場合，蓄熱槽内面がコンクリートモルタルで仕上げられた施設での孔食の事例はないが，内面が樹脂コーティングで防水処理が行われた蓄熱槽の場合，アルカリの溶出がないため孔食が生じやすいとの指摘がある[2]．コンクリートモルタルで仕上げられたままの蓄熱槽は，アルカリの溶出によって蓄熱槽水のpH上昇が有利に作用したと考えられている．

一方，DHCシステムでは冷温水配管の亜鉛めっき鋼管（白）が腐食し，生成した腐食生成物（亜鉛を含むスラッジ）が下流の銅管内面に沈着して，一種の酸素濃淡電池作用により銅管に孔食を誘発するという説もある．

電子部品を製造する工場の蓄熱槽を有する空調システムで，AHUの銅管コイルが設置後3年で孔食による漏水を生じた事例がある[3]．AHUは熱交換器を内蔵し，銅管コイルは外径15.88 mm，肉厚0.5 mmのリン脱酸銅管が用いられている．蓄熱槽の冷水はヘッダーを通り，銅管コイルを流れ，ファンにより外面を送風することによりクリーンルームを冷房するしくみになっている（図6.65）．漏水を生じた系統は冷房負荷が小さく，設計流量以下の遅い流速で運転されていた．しかし，ほぼ設計流量で運転されていた別系統においては，漏水は認められていない．

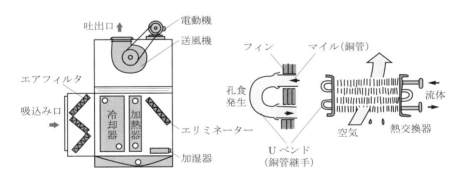

図6.65 空調用AHUの模式図

孔食を生じた銅管コイルの内面は炭酸カルシウムが析出し，ところどころピットの発生が認められた．ピット上には塩基性炭酸銅のマウンドがあり，ピットの間口は広く，Ⅰ型孔食に分類される．ピット以外の表面生成物にはケイ酸

銅 $CuSiO_3$ が含まれる．蓄熱槽水には井水が用いられ，pH 7.4，ランゲリア飽和指数 LSI -1.4，塩化物イオンと硫酸イオンは 5 mg/L 以下と濃度は低いが，イオン状シリカは 77 mg/L（SiO_2 として）と著しく高い．この事例では，孔食の原因を解明するため，銅管の電位測定が行われている．銅管の電位は初期の $+70 \sim +80$ mV(Ag/AgCl) から時間の経過とともに上昇し，ほぼ $+300$ mV (Ag/AgCl) にも達した．流速が低いほど電位は高くなり，ピットは深くなる傾向がみられた．実験の結果によれば，冷水を 1/2 や 1/5 に希釈したシリカの濃度が低い条件では電位の上昇がみられなかった．この事実から，シリカが銅管の孔食発生に大きな役割を演じていると推測される．

[対策]

- 蓄熱冷温水系で使われる銅管に対して，銅管用の腐食抑制剤と分散剤を投入し，銅管の電位を上昇させないよう濃度管理を行えば，銅コイルの孔食成長は抑えられ，システムの延命をはかることができる．
- DHC 側と二次系の受け入れ側との間に熱交換器を設置し，二次系は基本的に密閉式とする．

参考文献
1) 山手利博：日本建築学会大会学術講演梗概集，no. 4562，1994.
2) 酒井康行：材料と環境，vol. 40，p. 601，1991.
3) 勝永貞治：日本設備管理学会，vol. 4，p. 25，1993.

事例 44　銅管の蟻の巣状腐食

材料：銅管

　空調機伝熱管や冷凍機冷媒管などの銅管内面や外面に，肉眼では発見しにくい程度の小さな腐食孔を伴った局部腐食が発生する事例がある．この腐食の形態は，土中につくられた蟻の巣に似ていることから**蟻の巣状腐食**という．この種の孔食では，ピット部分に通常みられる青緑色の腐食生成物は認められず，ピットの周囲がわずかに小豆色か赤褐色に変色している程度なので発見が難しい．しかし，ピット部を光学顕微鏡で観察すると，図 6.66 に示すように，ピットの内部は種々の方向に分岐した腐食がトンネル状に発達し，壁面には酸化銅

事例44 銅管の蟻の巣状腐食 | 177

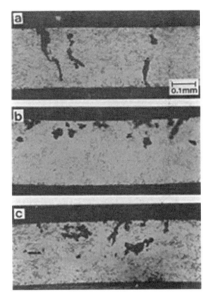

図6.66 空調機冷水管に発生した蟻の巣状腐食
([出典] 能登谷武紀：防食技術, vol.39, p.316, 1990.)

（Ⅰ）Cu_2O からなる灰白色の生成物が認められる．a，b，c は同一試料の異なった断面の状況を示す．

　1980年頃からみられたこの蟻の巣状腐食は，湯沸器熱交換機，冷却器，空調機などが組み立て中や倉庫に保管中，または使用開始後短期間に発生することが特徴で，当初は**異常形態腐食**とよばれた．その後，伸銅メーカーによって調査が開始され，実態が次第に明らかになった．欧米でも蟻の巣状腐食と同様の腐食が生じていることが明らかになり，Ant Nest Corrosion や Formicary Corrosion の用語が認知されるようになった．腐食事例は肉厚 0.4 mm 前後の空調用軟質銅管に多く，統計的には内表面からの発生が 33%，外表面からが 55%，不明 12% となっている．また管の曲がり部，直管のいずれでも生じている．

　この腐食は，銅管の洗浄に用いられていた有機塩素系洗浄剤 1.1.1-トリクロロエタン，フロンなどの加水分解によって生成されたクロロ酢酸，アルデヒド類が酸化してできたカルボン酸が関与したものと考えられている．実際に蟻の巣状腐食が生じた配管からは，蟻酸，酢酸，プロピオン酸，酪酸などさまざまな低級脂肪酸（炭素数 5 以下）が検出されている．接着剤の加水分解，保温材

からの溶出（蟻酸），木材からの溶出（酢酸），揮発性潤滑油，銅管のろう付け時に使用するスプレータイプの酸化防止剤（メチルアルコール20％，エチルアルコール64％）のアルコールの加水分解による生成（蟻酸や酢酸）などによって低級脂肪酸は生じる．有機塩素系洗浄剤が使われなくなってからも，蟻の巣状腐食はさまざまな状況で生じている．蟻の巣状腐食は，つぎの模擬環境で容易に再現できる．内容量1L程度のガラス製密閉容器に微量の揮発性有機カルボン酸を含む水100 mLを入れ，ガラス製試験管中に軟質リン脱酸銅管を入れて密閉して放置すれば蟻の巣状腐食が生じる．この腐食は酸素が少ない状態で進行する．

蟻の巣状腐食の機構については，つぎのように考えられている[1]．湿潤環境でカルボン酸が銅表面の水膜を酸性にする．銅管表面の酸化膜の欠陥部を透過し，銅素地に達して溶解してCu^+を生成する．このとき，同時に水膜中でカルボン酸と銅（I）イオンが結合して一価の銅錯化合物CuXを生成する（X：$HCOO^-$，$RCOO^-$）．水中の錯体は，泳動してさらにX^-と結合して二価の銅錯化合物CuX_2を生成する．ミクロトンネル中の二価の銅錯化合物はピット内の活性点に至って銅と反応し，一価の銅錯体CuXを生成する．この反応を繰り返すことによって銅の孔食は継続し，ついには銅管を貫通する．孔食の形態から蟻の巣状腐食であることは比較的容易に判定できるが，原因物質が変質したり，洗い流されたりして痕跡を残さないことが多く，原因究明は難しい．

[対策]
- 腐食を防止するためには，銅製品の洗浄に加水分解を起こしにくい安定な薬剤を使用する．
- 銅製品の洗浄に際しては，洗浄剤を十分除去し，速やかに乾燥させる．また，保管には窒素ガスを充填する．
- 銅に有効なインヒビターとして知られるベンゾトリアゾール（BTA）で処理する．

参考文献
1) 能登谷武紀：銅および銅合金の腐食防止のために（下巻），p. 824，2004.

事例 45　銅管の腐食による青水障害

材料：銅管

　銅管からの銅イオンの溶出によって浴槽や洗面器などに貯めた水が青く見えることがある．この現象を青水という．世界保健機関（WHO）は飲料水として具備すべき水質ガイドラインを示しており，さらにそれぞれの国は国情に応じて水質基準を定めている．日本は厚生労働省によって水質基準が定められ，銅や銅化合物については「銅の量が 1.0 mg/L」以下となっている．アメリカでは Lead and Copper Rule が設定され，USEPA は Pb 15 ppb，Cu 1.3 mg/L（MCL）と規定されている．これらの基準を超える場合は何らかの対応を要求している．日本では給水管に銅管を使用しているところは少ないが，ヨーロッパ，アメリカでは銅管が水道配管に広く使われているので，水質条件によってはこの規制値を超えるところがある．

　日本の給水・給湯銅配管系においても，水質によって青水障害が発生することがある．遊離炭酸が多く含まれる場合，pH が低く，塩化物イオン，硫酸イオン濃度が高い場合には安定な酸化膜が形成されにくいために，銅イオンの溶出が継続し，青水の原因になる．一般に，溶出した銅イオンが高いことにより水が青くみえるのは，約 20 mg/L 以上になる場合であるといわれている[1]．しかし，銅イオンは水酸化銅（Ⅱ）溶解度が小さいため，Cu 20 mg/L 以上では銅イオンとして pH が中性の水道水中に存在できない．pH と銅の溶出に関する実験から，表 6.12 に示すように，水が銅イオンによって青く見えるためには Cu 5 mg/L（上澄液 pH 8.0〜8.5）以上の濃度が必要なことがわかった[2]．しか

表 6.12　銅イオン濃度と上澄液の色

pH \ Cu 濃度 [mg/L]	0	0.5	1.0	2.0	5.0	10.0	20.0	50.0	100.0
（上澄液）6.8〜7.3（調整液）	無色				微妙	青味 →			
	沈殿なし						青色沈殿 →		
（上澄液）8.0〜8.5（調整液）	無色			微妙	もっとも青い	青味			
	沈殿なし						青色沈殿 →		

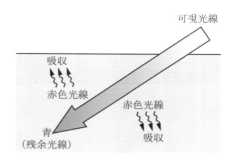

図 6.67 水が青く見える条件
([出典] 山手利博, 村川三郎:日本建築学会環境系論文集 第591号, p.61, 2005.)

し, 銅イオン濃度が高くなくても, 可視光線のうち, 長波長の赤色系光線が水に吸収され, 残った光線が合わさって青色に見える場合がある(図6.67). 浴槽水栓やロータンク, タイル目地に付着する青色ステインは, 銅の溶出と遊離炭酸によって炭酸二水酸化銅(Ⅱ) $Cu_2(CO_3)(OH)_2$ が生成されていると考えられる. また, 浴用タオルや洗濯物の青色着色は, 石鹸や人体の脂肪分により脂肪酸金属塩 $Cu(RCOO)_2$ が生成されたことによるものである. 青水はこのような銅化合物の析出に起因するほか, pH がやや低い水では銅イオンの濃度が高くなり, 光学的な水の青さと相まって青水が起こる.

> [対策]
> - 竣工後, 長時間経過しても銅イオンの溶出が止まらない場合, 原因は水質にあり, とくに遊離炭酸濃度が高く, 微酸性が維持されることが原因である. したがって, 遊離炭酸をとりのぞくか, pH を高める対策が必要になる.
> - 過剰の遊離炭酸は曝気して取り除く, 消石灰などアルカリ剤を添加して水の pH を高めるなどの対策をとる.
> - 膜式脱気処理により水中の溶存酸素を低下させて銅管の腐食を抑制する.

参考文献
1) 住友軽金属工業(株):カバーライン, no.26, pp.7-8, 1977.
2) 山手利博, 村川三郎:日本建築学会環境系論文集 第591号, p.61, 2005.

事例 46　純水中における銅や鉛・亜鉛の腐食

材料：銅管，亜鉛めっき，鉛管

純水中でも金属は腐食する．鉛は純水中で腐食すると，腐食生成物として酸化鉛(Ⅱ) PbO を生成し，その溶解度が高いために耐食性の保護皮膜が形成されにくく，図 6.68 に示すように，腐食減量は時間に対してほぼ直線的に増大する．鉛 Pb は，炭酸鉛 $PbCO_3$，ケイ酸鉛 $PbSiO_3$ などの塩類の沈殿皮膜が形成されなければ耐食性が得られない．かつて水道管に広く使われた鉛管は，水道水中の硫酸イオン，炭酸水素イオン，イオン状シリカによって不溶性塩類皮膜が形成されたことにより耐食性を得ていた．

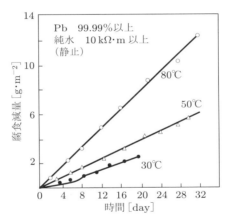

図 6.68　純水中における Pb の腐食減量の経時変化
([出典] 野村末雄, 伊藤 昇：日本金属学会誌, vol.29, p.985, 1965.)

炭素鋼上の溶融亜鉛めっき層は，純水中で腐食により腐食生成物として水酸化亜鉛 $Zn(OH)_2$ を生成するが，溶解度が高く，スラッジを生成しやすいため耐食性を維持するには不十分である（事例 2 参照）．一方，純水中の炭素鋼は事情が異なり，溶存酸素濃度が高くなるか，流速が増大すると酸素の供給が盛んになるため，不動態化して腐食が著しく減少する．

銅の場合も，冷却水に純水を用いると腐食が継続する場合がある．銅表面には酸化銅(Ⅰ) Cu_2O 皮膜を形成するが，pH が低いと Cu_2O の溶解度は高くな

り，酸化膜は不安定で腐食が継続する．その結果，純水で冷却する銅製熱交換器や伝熱管は，酸化銅（I）のスラッジを生成し，配管やフィルターの詰まりの原因になる．

純銅やリン青銅製の電子部品の冷却，火力・原子力発電機の固定子の冷却，電力ケーブルの冷却，各種の粒子加速器の冷却などにイオン交換水・蒸留水などの純水や低電気伝導率の水を用いる設備では，銅の腐食によって生じる銅酸化物スラッジの生成や腐食による漏水事例が報告されている．

溶存酸素（DO）を含む水中では，銅表面に腐食によって生成した赤褐色の酸化銅（I）Cu_2O や黒色の酸化銅（II）CuO からなる酸化膜が形成される．これらの酸化物の安定性は pH，温度，流速などの要因によって決まる．酸化物の溶解度は pH に依存し，pH が低下すると不安定になる．銅に対する酸化剤は DO がもっとも重要で，DO 濃度が低いほど腐食は低下する．図 6.69 は，純水中における銅の腐食速度と溶存酸素濃度の関係を求めた結果である．イオン交換水では，DO 200〜500 ppb の範囲に腐食速度の極大がみられる．

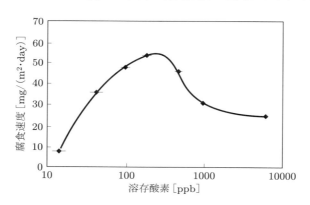

図 6.69　純水中における銅の腐食と溶存酸素濃度の関係
（[出典] R. Dortwegt *et al.*：*IEEE Particle Acceleration Conference*, 2001.）

大気開放下では，大気中の二酸化炭素を吸収して水中では遊離炭酸 $CO_2(aq)$ となって純水の pH を低下させる．とくに，純水はアルカリ度がほとんどゼロであるため，わずかな二酸化炭素の溶け込みによって pH が低下しやすく，pH 5 程度まで容易に低下する．一方，流速が速い場合には溶存酸素が存在すれば，エロージョン・コロージョンを生じやすく，水温が高く，pH が低くなるほど，流速を低く抑えるように設計する必要がある．

銅は純水中であっても溶存酸素が存在する限り腐食障害を引き起こす可能性があり，このような条件でできる銅の酸化物は緻密ではなく，十分な耐食性があるとはいえない．したがって，溶存酸素が存在する条件では，ベンゾトリアゾール（BTA）のような銅用のインヒビターの使用が必要になる．また，脱酸素により防食をしようとする場合は，$DO = 0.1 \text{ mg/L}$ 以下に抑える必要がある．

素粒子物理，原子核研究の分野では，陽子や電子を加速する大規模な高エネルギー加速器が使われている（J-PARC，Spring-8など）．このような粒子加速器においては，ハイパワーの電磁石の銅製コンポーネントの冷却に純水やイオン交換水（DI）が用いられる．そこに溶存酸素が存在すると，腐食生成物の酸化銅（Ⅰ）や酸化銅（Ⅱ）CuO がスラッジとして水中に放出され，配管の詰まりや水量の確保ができないなどのトラブルに見舞われる．

銅，亜鉛，鉛などの非鉄金属においては，純水中で形成される表面皮膜は溶存酸素によって形成される酸化膜に限られるので，これらの金属の耐食性を維持するためには，溶存酸素濃度を低下させるか，酸化膜の溶解度がもっとも低くなるような pH 条件を選ぶ必要がある．ある電子加速器（advanced photon source：APS）では，脱気の DO 値を 5 ppb 以下にして銅や酸化物の放出を低下させる対策がとられた．純水の浄化工程では，イオン交換樹脂が用いられるが，水素型では水素イオン濃度の上昇すなわち pH の低下を伴うので，銅の腐食が進行し，酸化物放出量が増大する．銅の耐食性の観点からは，pH が 7.0 以下にならないように注意する必要がある．

[対策]

- 銅の腐食を抑制するためには，DO 値を 1000 ppb 以上にするか，10～20 ppb 以下にするかの二つの対策が考えられるが，酸化剤の濃度が低くてすむ 10 ppb 以下のほうがリスクは小さい．
- 純水中で亜鉛は水酸化亜鉛 $Zn(OH)_2$ を生成するが，溶解度が高く，スラッジを生成しやすい．$Zn(OH)_2$ の溶解度は pH7～9 の範囲がもっとも低く，耐食性を示す．

事例47 銅や銅合金のエロージョン・コロージョン（潰食）

材料：銅管

　ホテルや病院などの建物内の強制循環式給湯銅配管においては，流速が過大になるため，空気の巻き込みがあると，とくにエルボ，ティーズなどの曲がり部分で，銅管内面が局部的に侵食を受けるエロージョン・コロージョン（潰食．3.5節(6)参照）が生じる．図6.70に，給湯銅管に生じたエロージョン・コロージョンの損傷状況を示す．遊離炭酸を多く含む地下水を原水としているため腐食が著しい．また，蹄の跡（馬蹄形）に類似した食孔がみられることが多く，その上流側で深く侵食される．

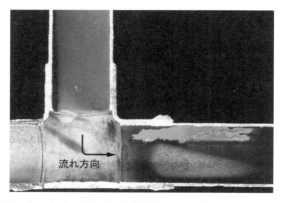

図6.70　給湯銅管エルボ下流に生じたエロージョン・コロージョン

　侵食部は機械的に抉られたように見えるが，水流のせん断力によって酸化膜や保護皮膜が物理的に剥離されている状態である．せん断力 τ [N/m²] は（平均）流速 U_m [m/s] の2乗に比例し，レイノルズ数 Re に比例する（ブラジウスの式）．

$$\tau = 0.03955 \rho U_\mathrm{m}^2 Re^{-0.25}$$

ここで，ρ は流体の密度 [kg/m²] である．

　つまり，銅は表面皮膜が存在しない裸面では溶存酸素の還元反応によって溶解反応が急速に進行する．したがって，pHが低いと酸化膜の溶解度が高くなり，表面皮膜は不安定となって電気化学反応が促進される．流速が速く，乱流

が生じやすい循環ポンプの前後や，管の曲がり部，管の内側のまくれやろう付け不良部では，保護皮膜の形成が妨げられてエロージョン・コロージョンが生じやすくなる．

一般に，給湯銅配管では往管よりもサイズダウンになる返湯管での事例が多く，流速が過大で，循環ポンプの前後で気泡を巻き込むような部位で発生頻度が高い．このように，管内流速が大きい場合や使用水のpHが低い場合など腐食性が高いときは，安定な酸化皮膜が形成されにくいとされてきたが，最近の見解では，配管内で発生する微細気泡の機械的な作用が腐食要因として指摘されている[1,2]．密閉型給湯配管システムに潰食の発生が多く，循環ポンプの揚程が潰食の発生に影響することが示唆されている．また実験結果から，循環式給湯銅配管において給湯水の使用に伴う配管系の開放時に管内圧に差が生じて，バルブやエルボの下流側などで微細気泡が発生する場合に腐食が著しいことも明らかになった[3]．

エロージョン・コロージョンは，銅管のみならず，硫酸を扱う鉛管でもみられるほか，化学プラントの酸を扱う配管系でもみられる．また，ポンプのインペラーやバルブシートでもみられる．しかし，従来の使用経験から，水栓材料の硬さとエロージョン・コロージョンとを直接，関係づけることはできない．

[対策]

- 配管設計上，給湯銅管にエロージョン・コロージョンが生じるときの臨界流速は水質，pHに依存するが，管内流速は1.2 m/s以下に保持するのが望ましい．pH 7以下に低下すると，さらに流速を低下させる必要がある．
- pHが高めの場合や酸素を含まない場合には，高い流速下でも潰食は生じない．循環ポンプを使用する場合は，過大な流速にならないように機種を決める必要がある．
- 密閉型給湯配管システムにおいては，循環ポンプの揚程を極力抑えるか（たとえば，5 m未満），確実に機能する脱気装置によって過飽和溶存空気を除去すること，また，可能であれば配管システムを開放型に変更することが有効である．

参考文献
1) 河野浩三，山田 豊，中野 葵：住友軽金属技報，vol. 48-1，pp. 8-12，2007．

2) 鈴木 忍，山田 豊，河野浩三，坂東芳行，安田啓司，松岡 亮：第 54 回腐食防食討論会，p. 407，2007．
3) 山手利博，大久保泰和，表 幸雄，山田 豊，河野浩三：材料と環境，vol. 48，no. 1，p. 171，2009．

事例 48　給湯銅管の腐食疲労割れ

材料：銅管

　集合住宅の床下に敷設されていた給湯用被覆銅管が竣工後約 10 年を経て，曲がり部から漏水した．使用されていた呼び径 15 A，L タイプ銅管は，曲がり部内側に長手方向に対して直角にスリット状に開口しており，これが漏水発生の直接的原因となった．図 6.71 に，一過式給湯銅管（軟質）に生じた疲労割れの状況を示す．

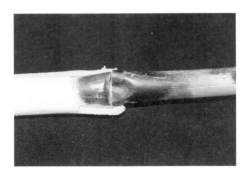

図 6.71　一過式給湯銅管（軟質）に生じた疲労割れ

　一過式の給湯銅管のこの部分は，洗面や風呂使用時などに温水が通り，それ以外のときは水温が低下する．給湯使用時と使用しないときの水温の変化により，銅管は伸縮を繰り返すことになり，銅管の曲がり部に応力が集中することで，疲労により内面から亀裂が生じ，繰り返し応力によって次第に亀裂は進展して開口に至ったものと推測される．
　破断部の管断面を調査したところ，銅管の長手方向に垂直方向にまっすぐな微細な亀裂が認められ，疲労割れと判断された．また，破断面にはいくつものピットが観察され，破断を促進したものと推測される．疲労による微細な割れ

の進展によって現れた新生面が孔食を生じさせたものと推測される．

図 6.72 は，集合住宅においてパイプスペース入口部の給湯銅管主管（32 A）から分岐したティーズ継手の約 30 mm 先の枝管部（20 A）に発生した破断部の断面である．竣工後約 20 年経過している．ロー材がティーズ側に多く付着しているとの所見がある．起点の近くに孔食の痕跡は認められていない．

横引きの枝管は主管と器具接続により拘束されており，冷・温の繰り返し熱応力によってティーズ接続の地側に応力集中が生じて亀裂が発生し，上方に向かって進展したものと推測される．図 6.73 はこの事例の疲労割れを生じた給湯銅管破断面の走査型電子顕微鏡写真である．ストライエーション（縞模様）が観察できる．

一般に，疲労割れは給水銅管では起こらないが，給湯配管の損傷事例の中では，孔食や潰食についで疲労破壊の件数が多い．常時温水が循環している給湯

図 6.72　給湯銅管破断部と断面

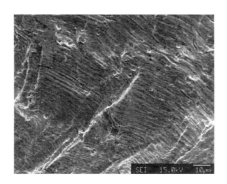

図 6.73　給湯銅管の疲労割れ破断面

系においてよりも一過式の配管で生じやすい．銅管の局部的な曲げ，ティーズ継手の接合部近傍，施工時にできた凹み，交差配管の凹み部，管の支持不十分な部分など，応力が局部的に集中する部分で疲労割れまたは腐食疲労が起こる．

[対策]
- 応力が局部に集中しないような配管施工を心がけ，配管を蛇行させて応力を分散させる．
- 曲がり部がコンクリート埋設される場合は，クッション材を入れて発生する応力を吸収させる．施工時には局所的な凹みを作らない注意が必要である．給湯銅管の疲労割れは施工上の不備に起因することが多い．

事例49　銅や銅合金の変色

材料：銅，黄銅

大気下の銅は，腐食により薄い酸化膜を形成し，干渉色を呈して変色する．銅は耐食金属であるが，そのままの状態ではわずかな水のシミで腐食し，変色が起こる．変色はつぎの原因による．

- 黄銅板のすき間に着いた水のシミ．
- すき間の入り口部はカソードになって水滴中の酸素が水酸化物イオンを生成し，奥のほうは酸素不足でアノードとなる．これにより，酸素濃淡電池作用で腐食し，銅の酸化物皮膜が形成される．
- 銅表面の小さな汚れ，指紋の跡．

図 6.74 に銅の大気腐食における腐食速度と水膜厚さの関係を示す[1]．①の領域は数分子程度の水分子が銅表面に吸着する乾き大気の状態であり，②の領域は 10〜100 分子層の目に見えない程度の水膜が形成される湿り大気の状態である．さらに水膜が厚くなると，水膜が電解質溶液としてはたらく濡れ大気の状態になり，水膜厚さが 1 μm 程度で腐食速度は極大値になる．④の領域になると液層として目視できるようになる．銅板や条に発生する変色は，酸化膜の厚さによって色調が紫（350〜450 Å），青から緑，黄，橙，赤（1100〜1500 Å）へと変化する．銅製品の変色は外観上の見栄えばかりでなく，電子製品では変色を起点として機能上の不具合にも関係する．変色は環境の温度や湿度によっ

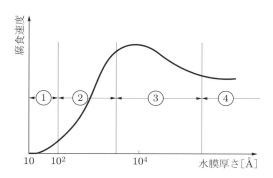

図 6.74　銅の大気腐食と水膜厚さの関係

ても形態が異なり，製造工程中，輸送中，保管中にも発生する．

銅表面に発生する変色は，サブミクロンオーダーの酸化銅（I）Cu_2O からなる酸化膜である．ステンレス鋼表面に形成される不動態皮膜とは異なり，銅から溶出した銅イオンが水酸化物を生成して沈殿する一種の沈殿皮膜であり，**変色膜**（tarnish film）ともいう．

コイルに巻いた銅板は，圧延方向に帯状に中心部に変色を生じることがあり，現場ではあんこ変色とよばれている．梱包材や箱詰めされた銅製品は，箱に近い部分から変色するエッジ部変色がある．また，コイル巻の製品はコバ面が変色する場合があり，包装や梱包材料の内面の水分や結露に起因する[2]．

変色の発生は，温度，湿度，結露，腐食媒に依存する．温度が高くなると銅の腐食は促進され，相対湿度が 60% RH 以上になると皮膜は急速に成長する．また，大気中に二酸化硫黄 SO_2，硫化水素 H_2S などの腐食性ガスが存在すると著しい変色が起こる．いったん変色を生じると，それを取り除くには酸洗いなどの処理が必要になるので，製造から輸送，保管，加工に至るまで変色しないような対策が必要である．銅製品の保管は，温度 30 ℃，湿度 60% RH 以下に保ち，腐食性ガスの侵入を防ぐことが必要である．

変色防止処理を行った銅製品は，ユーザーにおいてはんだ付け，めっき，ベアボンディングなどの加工が行われる．はんだ付けでは変色防止処理をしたままでも可能であるが，めっきやベアボンディングに対しては変色防止皮膜の除去が必要になる．一次防錆では，変色防止処理とともに除去も容易に行える処理法が求められる．

[対策]

- 変色防止剤を加えた水溶液の入った変色防止処理槽に銅製品を浸漬させ，液切りを行い，乾燥した後，巻き取る．
- 銅や銅合金の変色防止インヒビターはベンゾトリアゾール（1,2,3-BTA）が優れている．変色防止剤には水にベンゾトリアゾールのほかヘキシレングリコール，アミン系化合物，界面活性剤などの薬剤がある．このようなインヒビターで変色防止処理を行えば，銅や銅合金表面にCu^+とBTAとの高分子錯体の皮膜が形成され，変色を防止できる．

参考文献
1) D. Tomashov：*Theory of Corrosion and Protection of Metals*, Macmillan, p. 368, 1966.
2) 日本伸銅協会：伸銅品データブック，p. 316, 1997.

事例 50 黄銅の脱亜鉛腐食

材料：黄銅

　銅と亜鉛からなる黄銅は，銅の割合が高いα黄銅 70Cu/30Zn と，亜鉛の割合が高い$\alpha+\beta$二相黄銅 60Cu/40Zn に大別されるが，亜鉛の割合が高い$\alpha+\beta$二相黄銅は強度的に優れているので実用的に広く使われている．しかし，条件によってはしばしば脱亜鉛腐食（4.5節参照）を生じる．

　1980年代，給湯銅配管に使われていた青銅仕切弁で，使用開始後1～5年の短期間に黄銅製弁棒の脱亜鉛腐食による事故が頻発した．また，井水を水源とする給水系では，硬質塩化ビニール管に接続した青銅製仕切弁で脱亜鉛腐食により弁棒が折損する事例がしばしばみられた．青銅製バルブに組み込まれた二相黄銅製弁棒や弁座の脱亜鉛腐食は温水配管系で事例が多く，とくに遊離炭酸濃度が高い地下水系を原水とする微酸性水環境で生じることが多い．

　淡水環境における$\alpha+\beta$二相黄銅の脱亜鉛腐食の事例として，防災用スプリンクラー系統におけるパイロット弁の快削黄銅製ピストンロッドの腐食損傷事故が2件あり，原因の解析が行われている[1]．どちらも大型構造物の防災用スプリンクラー系統に付属するパイロット弁内のピストンロッドに脱亜鉛腐食が発生した．ピストンロッドの先端部分は水圧調整のために径8 mmのロッドに

約3 mmの細孔加工が施されているが,竣工後3年と5年で細孔部の付け根から折損している.折損部ロッド断面は,いずれも外周面から内部に脱亜鉛腐食がかなり進行し,赤銅色を呈することが確認されている.

受水槽の水は,コンクリート製水槽に起因してpH 9.3～9.6とpHが高い値を示したが,電気伝導率は107～194 μS/cmでやや変化しやすい水質(アルカリ度が低い)である.腐食生成物の分析や熱力学的検討結果から,脱亜鉛を生じた部分においては,炭酸鉛,金属銅,水酸化亜鉛が共存する条件として水のpHが5.5～6.5に低下していたものと推定される.スプリンクラーのパイロット弁内は長期にわたって水が停滞しており,何らかの原因で液性が微酸性となり,脱亜鉛腐食が起こったことは十分想定される.

かつて日本では,配管材料に亜鉛めっき鋼管が広く使われていた.そのため,黄銅製バルブ弁棒は配管に対して電位が貴となり,脱亜鉛腐食は少なかったが,給湯配管に銅管が使われるようになり,脱亜鉛による腐食事例が多くなったと考えられている.

一般に,青銅弁のボディは青銅鋳物CAC406(85Cu-5Sn-5Zn-5Pb)が用いられ,弁棒の材料は$\alpha+\beta$二相組織の鍛造用黄銅C3771(59Cu-2.0Pb-39.0Zn)が用いられる.β相はα相に比べて亜鉛含有量は高く,β相が優先的に腐食し,亜鉛が選択的に溶出する.亜鉛の腐食生成物がバルブステムの表面に付着する

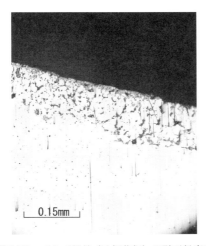

図6.75 バルブ部品(二相黄銅)の脱亜鉛腐食

と，ねじ部を凝着させるため，弁の正常な開閉が困難になる．淡水中の二相黄銅では，β相が層状に優先して溶出する層状型の脱亜鉛腐食が生じる事例が多い．図6.75に減圧弁バルブシステムの脱亜鉛腐食を示す．

脱亜亜鉛腐食事例は，硬水地帯の欧米では比較的少なく，軟水の日本で多い．日本では，地下水や伏流水に起因する遊離炭酸によってpHがやや低いことが脱亜鉛腐食を起こしやすい原因と考えられている．ヨーロッパの中でもスウェーデンは軟水地帯のため，脱亜鉛腐食を生じることがあり，早くから耐脱亜鉛黄銅が開発されている．

[対策]
- 耐脱亜鉛黄銅を用いる．これは近年，伸銅メーカーによって開発された材料であり，800℃の高温鍛造時にはβ相を残存させ，450℃近辺の焼鈍によってβ相をα相に変換させ，脱亜鉛腐食を抑制する．
- 遊離炭酸を多く含む微酸性の水での使用は避ける．

参考文献
1) 増子昇ら：防食技術，vol. 32, p. 587, 1983.

事例 51　黄銅の時期割れ（応力腐食割れ）

材料：黄銅

使用開始から1年3ヶ月で，真空蒸着装置の冷却水配管に設置された黄銅製ソケットや黄銅製バルブのひび割れによる漏水が生じた．黄銅製薬莢をはじめ拡管や曲げ加工を行ったアルミニウム黄銅管が，応力腐食割れ（SCC）によってひび割れを生じることは古くから知られており，とくに薬莢のSCCはモンスーンの季節に発生することから時期割れ（3.5節(4)参照）とよばれている．黄銅製バルブ外面に生じた時期割れのマクロ写真を図6.76に示す．時期割れはステンレス鋼においても知られており，強加工したSUS304鋼を大気下で放置しておくと，ひび割れを生じる場合がある．強加工によりマルテンサイト変態を起こすことによると考えられている．

一般に，材料・環境・応力の三要素が重畳した条件でSCCが起こることが，

事例51 黄銅の時期割れ（応力腐食割れ） | 193

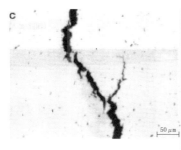

図 6.76　黄銅製バルブの時期割れ

オーステナイト系ステンレス鋼の事例からわかっている（3.5節(4)参照）．黄銅の時期割れに対しても三要素があてはまる（図6.77）．ただし，材料面では，黄銅は亜鉛含有量が多い二相黄銅で生じやすい．応力については，加工残留応力，引き抜き，拡管，深絞り加工，曲げ加工などの原因による場合が多い．環境条件としてはアンモニアがもっとも疑わしい媒体であるが，SCCが生じたところでアンモニアが検出されることは少なく，アミン類やヒドラジンの分解生成物も腐食媒になる．実際にSCCの三要素の中でも原因となる腐食媒を見いだすことは難しく，特定の腐食媒が存在することがない場合でもSCCは起こる．空調機に使われるフレアナットはとくにひび割れを生じやすいことが知られており，最近の新しいJISではビッカース硬度で一定値以下のものを使用することを推奨している．電気部品では，回路基板の絶縁材に使われているア

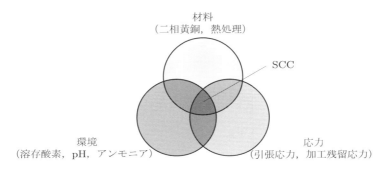

図 6.77　黄銅の時期割れ条件

ミン系の硬化剤を使用した樹脂から発生したアンモニアによる時期割れの報告がある．また，フェノール樹脂からのアミン系ガスによる黄銅の SCC などが知られている．黄銅の時期割れ感受性を評価するため，日本伸銅技術協会技術標準 JBMA-T301 や JIS H3250 にアンモニア試験法が規定されている．その試験法ではデシケーターに 12.5% アンモニア水を入れ，試験片を液面上 5〜10 cm に設置して 2 時間保持して割れを目視で判定するが，再現性が必ずしも十分ではなく，その原因は閉じ込めた空気（酸素）の濃度の違いによるのではないかと考えられる．

銅や黄銅がアンモニアに弱いことはよく知られている．アンモニアは pH 7.5〜8.0 以上の領域で銅や銅合金に対して可溶性の錯体 $[Cu(NH_3)_4^{2-}]$ を生成する．したがって，溶存酸素をはじめ何らかの酸化剤が共存すると，Cu_2O の保護皮膜は不安定になって腐食する．硫酸銅－アンモニア溶液中における黄銅の SCC 試験結果[1]によれば，破断時間が pH によって異なり，pH 7.1〜7.3 でもっとも割れやすく，pH 5.7〜7.7 では粒界割れ，それ以外では粒内応力腐食割れ（TGSCC）となっている．この pH 領域は，保護皮膜を形成するか，不安定になるかどうかの境界にあたる．黄銅の SCC は，このような pH 条件のほかに何らかの酸化剤の存在が不可欠である．変色皮膜の破壊による金属の新生面は，溶存酸素によって急速に腐食が進行する．

大気中でも黄銅の SCC はしばしばみられる．とくに亜鉛含有量が 30% 以上の場合は，湿度が高い季節に感受性が高くなるとされる．大気に放置して短期間に粒界腐食（3.5 節(3)参照）で割れを起こした事例もある．これは腐食媒として二酸化硫黄 SO_2 ガスの関与が考えられる．

[対策]
- SCC が起こるかどうかの限界負荷応力など基本的なデータは不足しているものの，黄銅の SCC の原因としてもっとも疑わしいのはアンモニアである．このため，アンモニアやアミンなどの発生源を遠ざける．
- 冷媒配管の接続部において，フレアナットの割れがしばしば報告されている．トルクレンチを使って締めすぎないように注意する．
- 強度の低下は否めないものの，300 ℃前後の低温焼鈍を行うのがもっとも安全である．

参考文献
1) E. Mattsson:*Electrochemica Acta.*, vol. 3, p. 275, 1961.

事例 52　青銅のブロンズ病と保存科学

材料：青銅

　遺跡から発掘された青銅や鉄は，修復や防錆処理を行ったうえ，適切な環境に保管する必要がある．イギリスのフィッツウィリアム博物館に保管されていた古代ブロンズ品は，第二次世界大戦時の 1939 年，戦禍を避けて地方の安全な場所に移された．それらは，終戦後の 1945 年に博物館に戻されたが，木製の箱に入っていた青銅品が重度のブロンズ病（bronze disease）に侵されていた．青銅品は木製の箱の中でカンナくずに包まれて保存されていた．

　ケンブリッジ大学のエバンスは，このブロンズ病について，カンナくずから発生した酢酸が緑青の割れ目から侵入し，腐食が起こったと考えた．さらに，侵入した酢酸が可溶性の酢酸銅 $Cu_2(CH_3COO)_4$ を生成し，その酢酸銅が塩基性炭酸銅や塩基性硫酸銅に転換する際にふたたび酢酸が生成され，自己触媒的に腐食が進行したものと結論づけた．

　ブロンズ病については，ピット底に存在している塩化銅（Ⅰ）CuCl が次式に示すように加水分解により塩酸を生成し，大気中の酸素の影響により腐食を進展させたとする見解もある．

$$4CuCl + 4H_2O + O_2 \longrightarrow CuCl_2 \cdot 3Cu(OH)_2 + 2HCl$$

$$2Cu + 2HCl \longrightarrow 2CuCl + H_2$$

この反応は銅がなくなるまで継続する．

　銅は，蟻酸 HCOOH や酢酸などの有機酸がかかわって局部腐食を起こす事例が意外に多く，蟻の巣状腐食（事例 45 参照）もその一つである．

　エバンスは，カソード防食の原理を利用して，発掘された青銅品のピット部のみに局部的にカソード処理をすることによって，割れ目やピット内の酸性を中和して劣化を防止する方法を，前述のフィッツウィリアム博物館に保管されていたキプロス，ギリシャからのブロンズ 500 点に適用した．

　日本国内でも毎年各地で多くの遺跡の発掘が行われており，これらを保存する技術が重要になっている．金属製品の保存には，さまざまな防食技術が適用

されている．文化財の保存処理は，東京・奈良国立文化財研究所のほか，奈良市の（公財）元興寺文化財研究所に設置されている保存科学センター（生駒市）で行われている．保存科学センターでは，1979年に稲荷山古墳から出土した国宝の辛亥銘金錯鉄剣（471年）の保存処理が行われた[1]．保存処理はメスやエアブラッシで錆や土をとり除いたうえで，鉄製品の劣化を促進する原因となる塩化物イオンを溶け出させる脱塩処理を行う．遺物の形状強化と防錆のためにアクリル樹脂を含浸させる処理を行ってから，窒素ガスで封止した容器に保存された．

出土品や古代遺跡を発掘当時のまま，腐食などで変質することなく保存することは，考古学や博物館の重要な役割である．そのため，保存科学としてさまざまな技術が適用されている．

正倉院には，シルクロードを経て西域から渡来した聖武天皇と光明皇后ゆかりの宝物が保存されている．宝物の中には青銅や鉄などの金属類も多くあり，2012年の正倉院展には，鉄方響という打楽器として使われた鉄製の長方形の板（縦 10.4～14.9 cm，横 4.5～5.0 cm，厚さ 0.4～0.6 cm）が9枚展示された（図 6.78）．板の上辺には角孔があり，紐でつるしてバチで打ち鳴らしたものと考えられている．この鉄方響は鍛鉄との説明があり，打ち延ばして板にしたもので，当時，まだ日本では鉄は造られていなかったため，中国で造られたのと考えられる．2015年の正倉院展には，上端部に楕円形の孔が穿たれている鉄製の針（長さ 19.7 cm，径 0.45 cm）が展示された．735年（天平七年）には存在していたことから1300年は経過したことになるが，薄い赤錆はでていたものの，1300年も経過しているとは思えない健全さであった．このように保存状態が

図 6.78　鉄方響（[出典] 奈良国立博物館：第64回正倉院展目録．）

良かったのは，断面が三角形の垂木を積み重ねて壁面が構成され，晴れの日は木が縮み風通しを良くし，雨の日は延びて湿気を遮断する構造である校倉造の建物に保管されていたことも大きく影響している．

正倉院の宝物の中には四十数振りの太刀もあるが，いずれも現在でも金属光沢を呈している．一方，東大寺大仏殿の土中から発掘された二振りの太刀は，ほぼ同時代の鉄剣（陽剣，陰剣）であるが，厚い錆で覆われている．これは，保存状態によって錆の状態が著しく異なることを示している．

[対策]
- 青銅のブロンズ病は酢酸やその他の有機酸が介在して起こるので，腐食生成物内部に存在する酸を中和する必要がある．たとえば，5％炭酸銅水溶液中で青銅品をカソードにして電解処理を行い，水洗・乾燥後，エタノールや1〜3％ベンゾトリアゾール（BTA）を含むエタノール溶液を染みこませる．
- 青銅品は洗浄後，インヒビターのベンゾトリアゾール（BTA）を含む透明ラッカーで処理して保存する．
- 出土した鉄製遺跡品は通常厚い錆に覆われているため，錆は除去せず，透明ラッカーを塗布して保存する．鉄製品は水分と酸素が存在すれば腐食は進行するので，水分を除去し，窒素ガスで封止した容器に保存する．なお，劣化を促進する塩化物イオンなどが含まれているので，純水や薬液により脱塩処理を行う．定期的に薬液を交換して塩化物濃度が高くならないように注意する．

参考文献
1) 元興寺文化財研究所：文化財の保存・修復の半世紀，2012.

事例53　鉛の溶出問題

材料：黄銅，青銅

鉛管は，耐食性と可撓性(かとうせい)に優れ，水道用配管として古くから使われてきた．いまから2000年前のポンペイの遺跡では水道管として鉛管が使われていたこ

とが知られている．しかし，鉛が溶出して人体へ摂取されると，微量でも中枢神経系や末梢神経系に悪影響を及ぼし，とくに子供や妊婦の健康に有害であることが明らかになっている．そのため，世界保健機関（WHO）は，飲料水質ガイドラインにおいて，鉛の水質基準を 0.01 mg/L 以下と厳しい値を目標としている．日本における鉛の水質基準は，数度の改正により 0.01 mg/L 以下となった．しかし，鉛管は土中深く埋設され，敷設替えするには莫大な費用ががかかり，簡単には替えられないため，以前は「朝一番の水」は放水して飲まないようにという注意が喚起されていた．その後，東京都では水道管（配水管）を鉛管からステンレス管への取り替えが進められ，私有地を除き，水道局管内はほとんどでステンレス管に置き換わっている．また，東京都以外の自治体でも同様の対策がとられるようになっている．

鉛管に耐食性があったのは，水道水中に含まれるイオン状シリカや炭酸水素イオンと結合して鉛上に沈殿皮膜を形成することによるものであり，塩類を含まない純水では耐食性を示さない．

鉛は鉛管だけでなく，銅管の接合に使われる鉛はんだ（Sn-Pb），水栓に使われる快削黄銅にも 3～5％含まれており，それらからの微量な鉛の溶出も問題となっている．また，青銅バルブには砲金 BC6 が用いられているが，約 5％程度の鉛が含まれる．黄銅や青銅に含まれる鉛は銅や亜鉛に固溶しないため，切削断面には一定の割合で鉛が現れる．図 6.79 は，快削黄銅の電子顕微鏡写真で，鉛（白色部）の分布状況を示している．

図 6.79　快削黄銅の電子顕微鏡写真（鉛：白色部）

鉛の溶出の防止対策として，Pb 0.1％以下のビスマス系やシリコン系の鉛レス黄銅や非鉛黄銅が開発されている．また，接水面の鉛を除去するために化学的な処理を行って表面の鉛を取り除く対策もとられている．しかし，アメリカのカリフォルニア州の規制当局は材料自体が鉛フリーであることを求めているため，今後は，快削性を損なわない鉛フリー黄銅の開発が必要になっている．表6.13に主な鉛溶出原因と対策をまとめる．

表6.13 鉛溶出防止対策

材 料	鉛含有材	対 策
水道配管	鉛管	鉛管をステンレス鋼配管に敷設替えする．
		消石灰の注入によりpHを上昇させる（日本）．
		水道水中へオルトリン酸を注入する（アメリカ）．
飲料水用	鉛入り快削黄銅	化学処理によって表面のPbを除去する．
		鉛レス黄銅（Si，Bi添加）を使用する．
		鉛フリー黄銅を使用する．
	青銅	鉛フリー青銅（Bi，Se添加）を使用する．
はんだ	Sn-Pb系	Sn-Cu系，Sn-Ag-Cu系，Sn-Ag-Bi系などでPbに代替する．
ステンレス鋼	快削ステンレス鋼	SUS303(S) Se，Te添加してPbに代替する．
塗料	防錆顔料	鉛丹錆止めペイント，塩基性クロム酸鉛ペイントなどはすでにJISで廃止された．

[対策]

- 水道用配管に銅管や鉛管が広く使われているアメリカでは，既設の銅配管や鉛管からの銅CuやPbの溶出を防止するため，地域によっては水道水中に微量（1 ppm程度）のオルトリン酸やポリリン酸塩を注入している．
- 水道水のpHを水質基準内で高めることでPb^{2+}の溶出を抑えることができる．水道水へのアルカリ剤（消石灰）の投入によりpHを上昇させる水質の改善が行われている．
- 自治体水道局によってはすでに行われているが，水道用給水管を鉛管からステンレス鋼管（波状管）に敷設換えする対策が行われている．

事例 54　アルミニウム合金の局部腐食

材料：アルミニウム合金

　アルミニウムは，熱力学的には卑（活性）な金属であり，基本的に溶解しやすい性質を有するが，水中や大気下では酸化膜を形成し，実用的に優れた耐食性を示す．純アルミニウムは，アルミニウム合金の中でもっとも耐食性に優れているが，強度が十分ではないので他の元素を加えてさまざまな特性をもたせた合金が開発されている．銅のように，貴な元素を合金化して金属間化合物を析出させると強度は増大するが，電気化学的に貴な性質をもつ場合は，マトリックス（地）のアルミニウムとのガルバニック作用により粒界部分から腐食が始まる．それに対してマグネシウム Mg，亜鉛 Zn，マンガン Mn など卑（活性）な元素を添加すると，耐食性の劣化は少なく，強度も得られる．このように，アルミニウムやその合金の耐食性は酸化膜の健全性に依存している．

　大気下では自然に形成されるアルミニウム上の酸化膜だけでは耐食性が十分でないため，硫酸やシュウ酸溶液を用いた陽極酸化（アルマイト）処理や高温水中の加熱によるベーマイト処理を行って人工的に酸化膜を成長させ，さらにその上に塗装を施す方法がとられる．アルミニウム合金の腐食は，塩化物イオンによる保護皮膜の欠陥部を起点とする孔食や，析出物とマトリックスの境界を起点とする粒界腐食を生じやすい．また，同時に負荷応力や加工残留応力が存在すると，これらの欠陥を起点にして応力腐食割れ（SCC）に進展することがある．アルミニウム合金に特有な**層間剥離腐食**（exfoliation）は，析出物が繊維状に圧延方向に延されることによって面欠陥となり，コバ面を起点に内部に向かって面上に腐食が進み，腐食生成物の生成による応力によって層状に剝離する．

　水中の溶存酸素によるアルミニウムの腐食は，つぎの電気化学反応式で表すことができる．

アノード反応：$Al \longrightarrow Al^{3+} + 3e^-$

カソード反応：$\frac{1}{2} O_2 + H_2O + 2e^- \longrightarrow 2OH^-$

$H^+ + e^- \longrightarrow \frac{1}{2} H_2$（溶存酸素が存在しない場合）

中性域では腐食生成物 Al(OH)$_3$ を生成し,水和酸化物 Al$_2$O$_3$·H$_2$O となって表面皮膜を形成する.活性なアルミニウムは薄い表面皮膜によって耐食性を示すようになるが,この皮膜は一種の不動態皮膜といえる.アルミニウムは両性金属であり,酸性やアルカリ性域で腐食する.アルカリ性環境では AlO$_2^-$ の錯イオンが生成されて酸化膜が破壊されるので腐食しやすくなる.これはアルカリ腐食(3.4節(7)参照)といい,pH 8.5 以上の比較的弱アルカリ域で生じる(事例23参照).水中に溶存酸素とともに塩化物イオンが存在する場合には,酸化膜が破壊されて孔食が生じやすい.

表 6.14 に,各種アルミニウム合金の特性と用途を示す.A1000系の純アルミニウムは,微量の鉄 Fe(不純物)を含むと耐食性が劣る.貴な元素 Cu を合金化した A2000 系 Al-Cu 合金は,Al と Cu の金属間化合物を生成し,それが表面に露出すると,カソードサイトを提供するため耐食性が劣化する.それに

表6.14 主なアルミニウム合金の特性と耐食性

合金系シリーズ	合金元素	特 性	用 途
A1000	Al 99.0〜99.99	純度が高いほど耐食性に優れる.強度不十分.不純物として Fe, Si を含む.	1050, 1100 は日用品,建材などの一般用途.
A2000	Al-Cu 系合金	代表的な析出硬化型合金.強度は増すが,耐食性は劣る.	2017 はジュラルミン,2014 は超ジュラルミン.
A3000	Al-Mn 系合金	1〜2% Mn 固溶体硬化で耐食性を維持できる.加工性もよい.	3003 は一般用途,3004 はカラーアルミ,飲料缶など.
A4000	Al-Si 系合金	鋳造用合金,Si 添加で,融点低下,鋳造性良好,耐摩耗性と耐熱性が向上する.	共晶組成はシルミンとして知られている.4012 は鋳造ピストン材料,4013 は建築用パネルなど.
A5000	Al-Mg 系合金	強度・成型性に優れ,耐食性もよい.	用途が広い.5052 は船舶,車両,建築用.5083 は船舶,圧力容器など.
A6000	Al-Mg-Si 系合金	熱処理により Mg$_2$Si を析出させた高強度合金.耐力は鋼材並.	6061, 6063 は強度に優れ,アルミサッシに.代表的な押出用合金.
A7000	Al-Zn-Mg 系合金	熱処理で MgZn$_2$ を析出させた高強度材.電極電位が低い.	7072 は強度に優れ,アルクラッド皮材,犠牲陽極作用あり,フィン用.

対して A5000 系（Al-Mg）や，A6000 系（Al-Mg-Si），A7000 系（Al-Zn-Mg）などの合金は，生成する金属間化合物はアルミニウムマトリックスよりも電位が卑となり，溶解しやすくなる．とくに Al-Zn-Mg 系 A7072 では，熱処理によって $MgZn_2$ を析出させて強度を高めているが，電位は低く，アルクラッドの皮材として犠牲陽極作用を期待できるので，耐食性は優れている．

アルミニウム合金鋳物は JIS 記号 AC1A，AC2A などの記号で分類され，銅を含むものは耐食性が劣る．これらには鋳造性をよくするためにケイ素が添加されている．ダイカスト鋳造用アルミニウム合金は，ADC の記号をつけて分類される．ADC12 は Al-Si-Cu 系の合金で強度，鋳造性に優れているので，ダイカスト用として自動車エンジン部品，電気機器部品に広く用いられている．

アルミニウム合金は強度，加工性の面から選定されるので，用途に応じて耐食性を保持するための塗装や防食処理が行われる．

[対策]
- アルミニウム合金は，合金元素の種類や熱処理によって耐食性が異なり，Al-Mn 系，Al-Mg 系は合金元素が卑であるため，耐食性は良好である．貴な金属である銅を含む Al-Cu 合金は強度は優れているが耐食性が劣るので，耐食性を補うために純アルミニウムを皮材とするクラッド材として使用する．
- アルミニウム合金は結晶粒界に析出する金属間化合物がアノードとなって溶解するか，カソードとなって周囲のマトリックスが溶解するかによって粒界腐食や応力腐食割れ（SCC）に進展するので，陽極酸化処理や塗装などを行う．
- アルミニウム合金は卑な金属であるため，炭素鋼や銅合金などとの接続により異種金属接触腐食を引き起こすので，絶縁処理，カソード側への塗装などの対策が必要である．

事例 55　樹脂管の劣化

材料：樹脂管

　ポリ塩化ビニル樹脂の出現は，金属の腐食対策に革命的な福音をもたらした．ポリ塩化ビニルは1950年頃から使われ，板や管など，用途が拡大していった．生産量の拡大とともに，使用済みとなった塩化ビニル樹脂を焼却する際に有毒なダイオキシンが発生することがわかり，一次使用が制限される事態となった．しかし，塩化ビニル樹脂の分別収集や焼却法の改善により，現在ではこの問題は解決した．

　樹脂管には，硬質塩化ビニル管（PVC）のほか，ポリブテン管，架橋ポリエチレン管，ポリエチレン管などさまざまな特性を備えたものが用いられている．表6.15に主な樹脂管の種類と特性を示す．

　PVCは有機溶剤・耐熱性・耐衝撃性に劣り，使用可能温度範囲が狭いのが

表6.15　配管用樹脂管の特性

配管材料	用途	温度	性質	接合
硬質塩化ビニル管（PVC）	上水道，下水道，建築設備	40℃以下	有機溶剤による侵食，線膨張係数大，ソルベントクラックを生じる．	接着剤接合，ゴム輪接合
ポリブデン管	給水，給湯，暖房	5℃〜90℃	耐熱性，耐食性，耐凍結性に優れている．	メカニカル式継手，エレクトロヒュージョン式，ヒートヒュージョン，ヘッダー工法
架橋ポリエチレン管（二層管）	給水，給湯，暖房	−10℃〜95℃	耐食性，耐クリープ性，低温特性，耐衝撃性に優れている．	メカニカル接合，電気融着式
ポリエチレン管（PE）（水道用ポリエチレン二層管）	水道，ガス	−20℃〜45℃	耐震性，耐低温性に優れている．	メカニカル接合，融着式．
塩化ビニルライニング鋼管	給水配管，工業用水など	40℃以下	施工不良で継手部からの鉄が溶出する．	ねじ接合，管端防食継手

難点であるが，安価のために一般用途に広く使われ，耐薬品性にも優れている．接合は，接着剤により行われる．PVC は電気絶縁性が高く，熱伝導性が低い．また，金属と異なり錆びることがなく，長期にわたって安定し，熱可塑性を有する．

ポリブテン管，架橋ポリエチレン管は軽くて可撓性(かとうせい)があるので，給水のみならず，比較的高温の給湯配管として用いられる．ヘッダー配管や分岐配管として好まれている．接合はメカニカル継手，電気融着方式，熱融着方式で行われ，いずれも 90～95℃の高温まで使える．

ポリエチレン管は，水道用，埋設用など用途が広く，水道用ポリエチレン二層管は外層にカーボンブラックが配合されており，耐候性に優れている．また，耐寒性，耐塩素性にも優れているので，寒冷地の水道配管によく用いられる．

PVC の製品は，土中埋設されても有機溶剤に接することがなければ，長期間にわたって安定である．硬質ポリ塩化ビニル管の接合は，接着剤を管と継手に塗布して接着面を膨潤させることにより，膨潤面を圧着させる接着接合によって行われる．

材質の劣化としては，負荷した応力に起因した応力劣化や，保管中に有機溶剤に接したりオゾンや紫外線に曝されたりするなどの環境劣化がある．応力劣化には金属の場合と同様に，弾性破壊のほか，脆性破壊，疲労破壊，クリープ破壊などがある．

ポリ塩化ビニル樹脂に各種の応力によって起こる亀裂を総称してストレスクラッキング（stress cracking）という．接着剤の溶剤が塩化ビニル樹脂製品に付着してそこから割れに進展していく現象をソルベントクラッキング（solvent cracking）という．

鋼板製放熱器による床暖房システムは基本的に密閉式であるが，架橋ポリエチレン管やポリブテン管などの樹脂管で配管される場合は，これらの樹脂が酸素透過性を有するため，外気から酸素を取り込み金属製放熱器の腐食の原因になる[1]．

[対策]

- 硬質塩化ビニル管の土中埋設時にたわみを生じて，これが繰り返し荷重を受けることにより材料の劣化が生じるので，施工時にたわみを生じないように注意する．

- 硬質塩化ビニル管が屋外露出状態になる場合は，直射日光を受けて紫外線による管の劣化を生じるので，保護カバーをつける．
- 硬質塩化ビニル管は熱膨張係数が大で温度差により伸縮を生じて抜けや破損を生じるので，伸縮継手を使って防止する．
- 硬質塩化ビニル管の高温での使用は材料の劣化を生じるので，軟化点の60℃以下で使用する．
- 塩化ビニル管は有機溶剤に侵食されやすいので，水圧による膨張の原因となるソルベントクラッキングを防止するためには，接着剤を均等に塗布し，はみ出した分は拭き取る．
- 架橋ポリエチレン管やポリブデン管は酸素透過性が大きいので，床暖房用配管系に用いる場合は，酸素遮断層付架橋ポリエチレン管を用いると放熱器の防食に有効である．

参考文献
1) 白土博康，富田和彦：空気調和・衛生工学論文集，vol.139，p.19，2008．

事例56　水質汚濁や水質劣化による配管の腐食

材料：水質劣化，鉄，銅

　水質汚濁や水質劣化により，配管や機器の腐食障害が起こる事例がしばしば報告されている．水の腐食性は特定の水質因子に依存するが，淡水中の炭素鋼の腐食速度は水温やpHに，銅管や亜鉛めっき鋼管の腐食速度はpHや遊離炭酸濃度に依存する．ステンレス鋼の耐食性は不動態皮膜によるので，塩化物イオンや残留塩素濃度，溶存酸素の相関関係により不動態皮膜が破壊されるかどうかで決まる．銅や銅合金の局部腐食に対しては，pH以外に，イオン状シリカ，硫酸イオン濃度も関係する．銅や銅合金の応力腐食割れ（SCC）は，アンモニア，アミンの存在が原因になる場合がある．硫酸塩還元菌（SRB）は嫌気性環境で棲息するので，非嫌気性部における溶存酸素のカソード反応と関係し，嫌気性部位がアノードとなってマクロセル腐食（3.4節(3)参照）機構が作用する．このように，腐食形態によって腐食原因解明に必要な水質分析項目が異なる．表6.16に各水質因子の腐食性との関係を示す．

　日本の淡水は濃縮運転が行われる冷却水のような場合を除けば，多くの場合ランゲリア飽和指数LSI＜0であるから，炭酸カルシウムに対して未飽和である．LSIが負で0に近いほどアルカリ度とカルシウム硬度は高く，pH緩衝能が高いので，腐食性は弱いと考えることができる．ただし，炭酸カルシウムの析出が期待できない軟水の場合，LSIの負値が大きいほど腐食性が大きいかどうかについては明確ではない．

　一般に，淡水は塩化物イオン濃度が高いほど，一義的に腐食性が強いと考えられている．海水は塩化物イオンが淡水に比べて著しく高いが，アルカリ度も高いのでpH緩衝能も高く，Cl^-濃度とpH緩衝能との相対比が水の腐食性を表す指標と考えることができる．これは，$[Cl^-]/[HCO_3^-]$や$\{[Cl^-] + [SO_4^{2-}]\}/[HCO_3^-]$を腐食性の目安とする考え方であり，**ラーソン**（Larson）**比**という．この指標は理論上，説得力はあるが，実用的な指標としては広く使われてはいない．一方，塩化物イオンはステンレス鋼の不動態皮膜を化学的に破壊する作用があるが，溶存酸素が共存しなければ腐食性は弱い．

　水道水の浄水方式が緩速濾過から高速濾過（化学濾過）に切り替えられてから，銅管の孔食が頻発するようになった事例は，スウェーデンのストックホルムの

表6.16 水質因子と腐食性

水質因子	単位	腐食性との関係
pH		遊離炭酸の出入りでpHは変化しやすく,現地測定が望ましい.保護皮膜の安定性によって腐食性を左右する重要な因子.
アルカリ度	mg/L CaCO$_3$	pH緩衝能,酸を中和するので腐食抑制作用,飽和指数の計算に利用される.
電気伝導率	mS/m	高いと異種金属接触腐食を促進する.冷却水の濃縮度評価に適用される.
アンモニウムイオン	mg/L	pH9付近(アンモニア)で銅・銅合金と可溶性錯体を生成して腐食・時期割れ感受性を高める.
硝酸イオン(NO_3^-)	mg/L	低pHの場合,酸化性を示す.
亜硝酸イオン(NO_2^-)	mg/L	水質汚染の指標.亜硝酸塩系インヒビター起源.
全硬度	mg/L CaCO$_3$	スケール傾向の評価に利用される.CaとMg硬度の和.
カルシウム硬度	mg/L CaCO$_3$	高いとスケールが析出し,腐食を抑制する作用がある.飽和指数の計算に必要な指標である.
マグネシウム硬度	mg/L CaCO$_3$	スケールの成分.シリカと結合してスケールを生成する.
ランゲリア飽和指数 LSI		LI > 0でスケールを生成する.軟水の日本では一般的にLI < 0.
塩化物イオン	mg/L	腐食性アニオン,保護皮膜を破壊する作用がある.
硫酸イオン	mg/L	濃度が高いと銅管の孔食感受性を高める.
イオン状シリカ	mg/L	シリカスケール,銅・亜鉛と結合してケイ酸塩皮膜を形成する.
溶存酸素	mg/L	重要な腐食要因.現地測定が望ましい.
遊離炭酸	mg/L CO$_2$	地下水・伏流水,還水で濃度が高い,酸性で,腐食性,pHとアルカリ度から計算で求められる.
残留塩素	mg/L Cl$_2$	強い酸化剤で殺菌剤,腐食性大,不動態皮膜を破壊する.

水道水で経験されている.当時,硫酸バンドを投入して凝集沈殿させる高速濾過方式が採用され,水中の硫酸イオン濃度がアルカリ度に比べて高くなったために,銅管の孔食感受性が高まったと考えられている.マットソン(E. Mattsson)は,pHがやや高く,硫酸イオン濃度と炭酸水素イオン濃度の比が$[HCO_3^-]/[SO_4^{2-}] < 1$(mg/Lとして)の場合に銅管の孔食が生じやすいとした(**マットソン比**)[1].これを日本の銅管の孔食事例にあてはめると,利根川

を原水とする東京都水において，冬季にこの条件を満たす場合があり，冬季に給湯銅管に孔食事例が多いことと符合する．現在では，東京都水の pH が 7.5 程度に上昇しているので，マットソン比は改善されている．

　河川水を水源とする浄水場では，水質汚濁の指標であるアンモニア性窒素濃度を分析し，その濃度に対応した塩素を注入する．次亜塩素酸 HClO はアンモニアを分解するとともに，自身は還元されて水中の塩化物イオン Cl^- 濃度が増大する．凝集沈殿剤として硫酸バンドを用いていたときには，水中の硫酸イオン濃度がその分だけ増大した．このように，水質汚濁が水道水の腐食性を高めたと考えられる．しかし，最近では水質汚濁が以前に比べてはるかに改善されており，また前塩素処理に代わってオゾン処理が導入されるなどにより，塩化物イオンの影響は著しく低下している．マットソン比についても，凝集剤が硫酸バンドからポリ塩化アルミニウム（PAC）に変更されて改善されている．

　水中の溶解塩類濃度が高くなるほど水の電気伝導率は高くなるので，電気伝導率は異種金属接触腐食（3.4 節(1)参照）に対する腐食性の目安と考えることができる．一方，残留塩素濃度（遊離塩素と結合塩素を含めた濃度）は保健衛生面から濃度が高いほうが安心できるが，トリハロメタンの濃度が高くなる問題もある．浄水場出口では残留塩素濃度 1.0 mg/L 以下に抑える方向にあり（東京都水 0.7 mg/L 程度），過剰な残留塩素濃度による腐食性は低下している．

　井水や伏流水は遊離炭酸 CO_2（aq）を多く含むので，これを原水とする水道水は微酸性となってしばしば腐食性を高める原因になる（事例 58 参照）．

◆水質・環境◆

[対策]

- 遊離炭酸は大気下で放置すると，逸散して pH は上昇する．遊離炭酸を除去するには曝気するか，NaOH，Na_2CO_3 などのアルカリ剤を投入して中和する．
- 残留塩素は溶存酸素より強い酸化剤であるから，ステンレス鋼の不動態皮膜を破壊し，孔食や応力腐食割れなどの局部腐食を引き起こす原因になる．アスコルビン酸（ビタミン C）を注入して還元除去するか，活性炭に通すことによって残留塩素を除去すれば，腐食性を抑制できる．

参考文献
1)　E. Mattsson：*Brit. Corros. J.*, vol. 3, p. 246, 1968.

事例57　高温高濃度 CO_2 環境（スイート環境）における腐食

材料：遊離炭酸

石油・天然ガス井はますます深度が深くなり，最近では5000m以上にも及ぶ大深度の掘削も一般的である．そのような大深度の掘削はオフショアの海域であることが多く，遊離炭酸や硫化水素の影響もあって腐食性が厳しい[1]．図6.80に示すように，石油・天然ガス井の掘削は掘管の先端に接続したビットを回転させて油層に至るまで深く掘進させ，ついでケーシングパイプ内に生産用の油井管（チュービング）を挿入する．チュービングは長さ12m（定尺）の高強度の炭素鋼管をねじで繋いで油層に達するまで延伸させる．このようにして油層からチュービングを通って石油・天然ガスが汲み上げられる．石油・天然ガスとともに汲み上げられる地層水は深いところでは溶存酸素を含まないが，CO_2分圧が高く（スイート環境．3.5節(5)参照），遊離炭酸 $CO_2(aq)$ が解離して弱酸性になって pH が低下する．油田によっては H_2S を含む場合や有機酸類を含む場合があるため，炭素鋼製油井管には激しい腐食を生じることがある．弱酸による腐食の特徴は腐食反応によって水素イオンが消費されても，弱酸の解離によって生成する水素イオンが継続的に供給されるので腐食が著しくなることである．

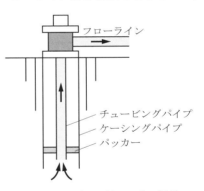

図6.80　石油・天然ガス井の掘削

溶存酸素を含まない高 CO_2 分圧下では，炭素鋼表面に腐食生成物として炭酸鉄 $FeCO_3$（シデライト）が生成される．炭酸鉄は溶解度の温度依存性が著しく，温度が高くなるとともに溶解度は増大して腐食が増大するが，100℃以上になると溶解度は急激に減少し保護皮膜となって耐食性が増す．

スイート環境において炭素鋼製油井管の腐食が著しい場合はアミン系インヒビターを注入して腐食を抑制する措置がとられる．図6.81は3MPa CO_2 を含む高温人工海水中における炭素鋼，Cr含有鋼の腐食速度と温度の関係を示す．温度が高くなるとともに腐食速度は増大し，100℃における炭素鋼の腐食速度は60mm/yにも達する．しかし，100℃を超えるとその溶解度は低下し，

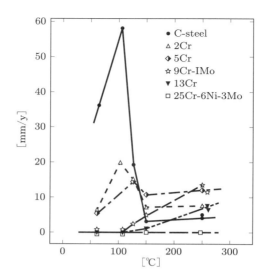

図 6.81　3MPa の CO_2 を含む人工海水中における炭素鋼および Cr 含有鋼の腐食速度と水温の関係
（[出典] A. Ikeda, M. Ueda, S. Mukai：Advances in CO_2 Corrosion, p. 39, NACE, 1984.）

150℃以上になると保護皮膜となって腐食速度は低下する．一方，Cr 鋼はクロム含有量が増大するにつれ，耐食性が著しく改善される．

　掘削深度が深く，H_2S が混入するようになると，炭素鋼は H_2S の解離（$H_2S = H^+ + HS^-$）によって生成した H^+ の還元反応による水素発生型腐食（3.1 節参照）を引き起こす．その際，炭素鋼表面には硫化鉄 FeS 皮膜が形成され，その皮膜が破壊されなければ耐食性皮膜となり，腐食は抑制される．しかし，高強度の炭素鋼管は生成した水素 H_{ad} を吸収して硫化物応力割れ（SSC．3.5 節(5)参照）を引き起こす．硫化水素 H_2S は弱酸の一種で，炭素鋼管は硫化物が存在すれば，腐食反応の結果，生成した水素 H_{ad} は硫黄 S の触媒作用により鋼中に吸収されやすい．水素に起因する割れは SSC のほか，水素誘起割れ（HIC．3.5 節(5)参照）があり，HIC は鋼中に固溶された水素が拡散して介在物と地鉄界面に水素ガスとして析出，その内圧で亀裂先端に高い応力を発生させ，水素脆性割れを引き起こす．このような H_2S を含有するサワー環境（3.5 節(5)参照）では腐食よりも水素吸収による割れが優先する．

　炭素鋼や低合金鋼の SSC，HIC は，高温より常温付近の低温の場合に起こりやすい．それは温度が低いほど，平衡して鋼中に含まれる水素量は高くなるた

めである．サワー環境であるかどうかは NACE MR0175 の定義に基づいて，チャートから全圧に対して H_2S 濃度が高い場合にサワー環境と判定される．

石油・天然ガス井では，温度が比較的低くマイルドなスイート環境では油井管材料として高強度炭素鋼管が用いられる．温度が高く，腐食性が厳しくなれば，アミン系インヒビターが注入される．さらに腐食性が厳しくなれば，マルテンサイト系の 13% Cr 鋼をはじめとする耐食材料が用いられる．H_2S を含むサワー環境では，水素吸収による SSC の可能性が高くなり，より耐食性に優れた高 Cr 鋼の選定が必要となり，15% Cr 鋼あるいは 22% Cr 鋼系二相ステンレス鋼が用いられる．しかし，高 Cr 二相ステンレス鋼は高価であるため，経済性を考慮して材料開発や材料選定が慎重に進められている．

[対策]

- 石油・天然ガス掘削分野におけるスイート環境では，炭素鋼製油井管が激しい腐食を受けるのでアミン系インヒビターが注入される．それでも不十分な場合は 13% Cr 鋼の適用が必要になる．
- H_2S を含むサワー環境では，水素吸収による硫化物応力割れ（SSC）や水素誘起割れ（HIC）に耐える材料が必要であるため，15% Cr 鋼や 22% Cr 二相ステンレス鋼が用いられている．

参考文献
1) 腐食防食協会編：金属の腐食・防食 Q&A．石油産業編，p.30，丸善，1999．

事例 58　腐食に影響を及ぼす硫化物とアンモニア

材料：サワー，アンモニア

銅や銅合金は，硫黄化合物が含まれる環境では水分があると分解して硫化物を生成する可能性がある．たとえば，天然ガスの臭い付けに使われる硫黄有機化合物の臭気剤は水分存在下で硫化物を生成し，銅管を腐食させることがある．

嫌気性の土中や海水中で硫酸塩還元菌（SRB．3.4 節(6)参照）の作用により硫酸イオン SO_4^{2-} が還元されて硫化物（H_2S，HS^-）を生成する．硫化水素は水に溶解し，ついで次式のように解離して硫化水素イオンと水素イオンが生成

する．硫化水素イオンはさらに解離し，水素イオンと S^{2-} を生成する．

$$H_2S \longrightarrow H^+ + HS^-$$
$$HS^- \longrightarrow H^+ + S^{2-}$$

配管やタンク底では沈着物や堆積物の下は嫌気性になりやすく，鉄の酸化還元電位は卑となり，SRB が存在すると硫酸塩が還元され硫化物は安定化する．嫌気性環境では溶存酸素が存在しないので，炭素鋼は水素イオンの還元反応による水素発生型の腐食を生じる．その結果，炭素鋼は腐食生成物として黒色の硫化鉄 FeS を生成する．硫化鉄は素地鉄に密着するので，一時的にその後の腐食が抑制される．しかし，時間の経過とともに硫化鉄皮膜は破壊されて腐食は再び進行する．嫌気性土中では硫化鉄は安定で黒色を呈するが，掘り起こし，大気にふれるとすぐに酸化されて赤褐色の赤錆 FeOOH に変わる．したがって，黒色の腐食生成物が硫化鉄 FeS であるかどうかは，現場で塩酸の水溶液を滴下して硫化水素 H_2S による異臭が発生するかどうかで確認できる．

(1) 硫化物および硫酸塩

硫黄 S は -2 価から $+7$ 価まで種々の酸化状態をとり，硫酸 H_2SO_4，亜硫酸 H_2SO_3，チオ硫酸 $H_2S_2O_3$，ポリチオン酸 $H_2S_nO_6$ など，さまざまな化合物を形成する．硫酸イオン SO_4^{2-} は S^{+6} 価で化学的には容易に還元されない．硫化物 (H_2S, HS^-, S^0) が存在すると，鉄，銅は硫化鉄 FeS あるいは硫化銅 CuS を生成する．図 6.82 は Cu-S-H_2O 系の電位-pH 図である．金属の中でも貴な金

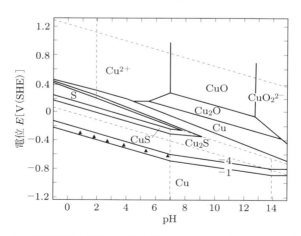

図 6.82　Cu-S-H_2O 系の電位-pH 図（$C_{Cu} = 10^{-6}\,mol/L$, $C_S = 10^{-1}\,mol/L$）
（[出典] 小玉俊明：防食技術, vol.31, p.428, 1982.）

属である銅は，Cu/Cu_2O 平衡電位は水素電極電位よりも貴な電位を示し，溶存酸素がなければ銅は腐食しないが，微量の硫化物が存在すると CuS を生成し，CuS/Cu 平衡電位は著しく卑となる．そして，容易に硫化物を生成し，鉄よりも卑な電位を示すようになる．しかし，硫化物が安定な環境は嫌気性であり，溶存酸素を含まない．したがって，系全体が嫌気性環境であれば，硫化物が生成しても著しい腐食は生じない．ただし，埋設配管のように，溶存酸素濃度が高い部分と配管系で共存すればマクロセル腐食機構で銅は腐食が促進される．

硫酸塩のうち，Pb 上に生成する硫酸鉛 $PbSO_4$ は溶解度が低く，Pb は耐食性に優れている．銅や銅合金に生成する塩基性硫酸銅 $Cu_2SO_4(OH)_2$ や塩基性炭酸銅 $Cu_3CO_3(OH)_4$ は緑青とよばれ，溶解度が低く銅や銅合金の耐食性に寄与する．

(2) アンモニア

アンモニア NH_3 はアルカリ剤の一種であり，揮発性の pH 調整剤としてボイラや原子力プラントで用いられるが，銅や銅合金に対して特定の pH 領域においてのみ腐食性を示す．図 6.83 は Cu-アンモニア-H_2O 系の電位-pH 図である．銅はアンモニアが存在しなければ Cu_2O からなる保護皮膜を形成して耐食性を示すが，アンモニウムイオン NH_4^+ が存在すると，pH 9 付近の特定のアルカリ性域で銅と可溶性アンモニア錯体 $Cu(NH_4)_2^+$ を形成する．したがって，同時に溶存酸素が存在すると，銅上の酸化銅皮膜は不安定となり，アノード溶解によって腐食する．銅はアンモニアのみならずアミン類が分解してアンモニア錯体の形成に寄与する．

pH8 以上のアルカリ域では，二相黄銅は加工残留応力が存在すると大気下でも微量のアンモニアによって応力腐食割れを生じることがある（時期割れ．3.5 節(4)参照）．二相黄銅製のバルブに，モリブデン酸塩や亜硝酸塩などの酸化性インヒビターを添加した冷却水配管系でひび割れが生じた事例が報告されている．ただし，空調機の黄銅製フレアナットのひび割れを生じる事例では，必ずしもアンモニアの存在が確認されていない場合があり，時期割れのメカニズムは明確ではない．

発電用ボイラ復水器の給水処理剤にヒドラジン N_2H_4 を用いると，給水のpH が高めになるとともに，ヒドラジンが分解してアンモニア NH_3 を生じる．これにより，復水器内の蒸気に微量のアンモニアが含まれることになり，その蒸気が空気冷却部で濃縮され，それによってアルミニウム黄銅などの伝熱管外

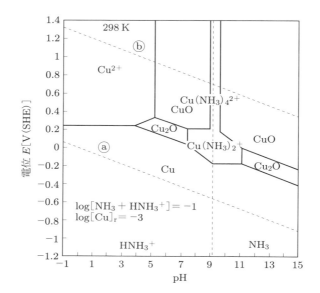

図 6.83 Cu-アンモニア-H_2O 系電位-pH 図(全 Cu 濃度 10^{-3} mol/L,全アンモニア濃度 10^{-3} mol/L)
([出典] 腐食防食協会編:腐食・防食ハンドブック,p.12,丸善,2000.)

面や配管と保持板の境界部で銅合金が腐食する場合がある.これを**アンモニアアタック**という.

[対策]

- 土中あるいは汚染海水中のパイプラインの腐食に対しては,カソード防食電位をより低い電位に保持して防食する.
- アルミ黄銅製伝熱管のアンモニアアタックに対して,キュプロニッケル(70/30)やチタン管が用いられる.

事例 59　シリカスケールの生成と腐食

材料:シリカ,炭素鋼,銅

シリカスケールは,いったん生成すると酸にも難溶性であるため,除去しにくい.水中のイオン状シリカ SiO_2 は,金属表面にシリカ単独またはシリケー

表 6.17 河川水の平均組成 [mg/L]
([出典] 半谷高久, 小倉紀雄：水質調査法 第 3 版, p.61, 丸善, 1985.)

水質項目	日本	世界	水質項目	日本	世界
Na^+	6.7	5.8	HCO_3^-	31.0	71.5
K^+	1.19	2.1	SO_4^{2-}	10.6	12.1
Mg^{2+}	1.9	9.4	Fe	0.24	0.96
Ca^{2+}	8.8	20.4	SiO_2	19.0	11.7
Cl^-	5.8	5.7			

ト（ケイ酸塩）として析出すると，防食作用をもつ難溶性の保護皮膜としてはたらく場合と，孔食などの局部腐食を引き起こす原因になる場合がある．欧米，中国などの大陸地帯では硬水が一般的であるので，水中のカルシウム濃度が高く，炭酸カルシウム $CaCO_3$ スケールを生成しやすい．火山国の日本では，淡水中にイオン状シリカ SiO_2 が多く含まれているので，地熱発電では熱水中に多量に溶けているシリカが系外で冷却され，スケールとして析出する．表 6.17 は河川水の平均組成について世界平均と日本の場合を比較したものである．日本のカルシウム濃度（8.8 mg/L）は世界平均（20.4 mg/L）に比べて低く，シリカ SiO_2（19.0 mg/L）は世界平均（11.7 mg/L）よりかなり高い．シリカ濃度は地域によっても異なり，九州南部はシラス台地のために水中のイオン状シリカ濃度も高い．また，局地的には井水や地下水に多く含まれることがある．河川水中のシリカはモノマーとして溶けており，シリカ単独でスケールを生成するほか，二価金属イオンと結合しやすく，とくに銅，亜鉛，鉛，マグネシウムなどと結合し，オルトケイ酸銅，ケイ酸亜鉛（ヘミモルファイト），ケイ酸鉛，タルク（滑石，$Mg_3Si_4O_{10}(OH)_2$）などの沈殿や塩皮膜を形成する．

1920 年代のイギリスでは，鉛管から水道水中への鉛の溶出を防止するために，インヒビターとしてケイ酸塩が使われた（事例 54 参照）．日本でも赤水防止の目的で水道水に数 ppm（SiO_2 として）注入されたことがある．しかし，その効果は明確ではなく，鉛の溶出は pH やそのほかの水質とも関係すると考えられている．シリカは，単独で金属表面上に編み目構造として沈殿する場合や，亜鉛めっき鋼管や銅管で水中のシリカが皮膜中に取り込まれて亜鉛の極性逆転や銅管の孔食を誘発する場合がある．

図 6.84 は，銅管内面の自然電位を長期間にわたって計測した結果である．東京都水に SiO_2 を 35 mg/L 添加した条件では孔食発生臨界電位 150 mV (SCE)

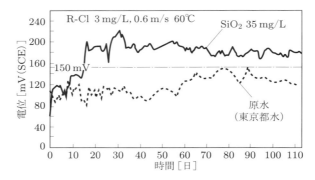

図 6.84　温水中の銅管電位の経時変化
（[出典] 馬場晴雄, 小玉俊明, 藤井哲雄：防食技術, vol.36, p.223, 1987.）

を超えているのが認められ，115日経過後の銅管試験片には深い孔食が認められた（事例43, 44参照）．また，非腐食部の赤外分光分析の結果，オルトケイ酸銅 $Cu_2SiO_4 \cdot xH_2O$ が同定されている．銅管内面にシリケート皮膜を形成することによって一種の不動態化を生じ，銅管の電位が貴化したものと考えられる．一方，イオン状シリカ SiO_2 を 41.8 mg/L 含む井水を試験水とした同様の試験では，シリカスケールの生成がみられたものの電位上昇は 50 mV(SCE) 程度にとどまり，孔食の発生はみられなかった．

イオン状シリカ濃度の高い水を小型貫流ボイラの給水に用いると，蒸発管内面にシリカスケールが付着して熱伝導率が悪くなり，それによって過熱された管の膨出事故につながる．ケイ酸の溶解度は，pHが高くなるほど，また温度が高いほど高くなる[1]．小型貫流ボイラでは，水道水や工業用水を軟水器に通して硬度成分を除去し，さらに腐食防止の観点から脱酸素剤の添加や脱気装置により脱酸素を行った後，ボイラ給水として供給される．ボイラ缶内では，給水が加熱されると炭酸水素イオン HCO_3^- は分解して炭酸イオン CO_3^{2-} となり，アルカリ（OH^-）を遊離してpHは11.0以上に高くなる．そのため，シリカはスケールとして析出することなく缶水中にとどまる．

[対策]

- 小型貫流ボイラの場合，シリカスケールの生成を防止するには，缶水のpHをなるべく高い値（pH > 11）に維持する．また原水中のシリカ濃度を低くし，ブローを行って缶水中のシリカ濃度が上昇しないようにする．

参考文献
1) 後藤克己, 小松 剛：水処理技術, vol.2, p.33, 1961.

事例60　残留塩素による腐食促進作用

材料：残留塩素

　塩素 Cl_2 は，水中では次亜塩素酸 $HClO$ となって強い酸化性を示し，殺菌剤であると同時に，金属材料に対しては強い腐食性を示す．一方，海水に大量に含まれる塩化物イオン Cl^- は酸化性がないので，両者は区別する必要がある．

　塩化物イオンは，それ自体酸化力をもっていないので，溶存酸素がなければ腐食性を示さない．ただし，溶存酸素と共存すると，金属酸化物皮膜や保護性塩皮膜を破壊するとともに，たとえば Fe ピット内に泳動し，溶出した Fe^{2+} と結合して $FeCl_2$ を生成し，加水分解により，ピット内の液性が酸性化する原因となる．一方，塩素は pH によって形態が異なり，酸性域では塩素ガス Cl_2 として，$pK3.3$ 以上では次亜塩素酸 $HClO$ が優勢となり，$pK7.3$ 以上の中性ないしアルカリ性領域では塩素酸イオン ClO^- が主体となる．図6.85に塩素の電位 – pH 図を示す．酸化還元電位は pH とともに低下することがわかる．したがって，酸化力は酸性域でもっとも強く，pH が高くなるとともに低下する．

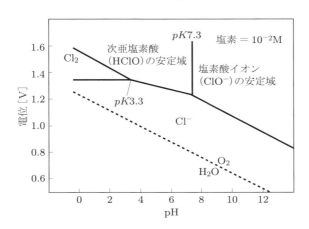

図6.85　塩素の電位 – pH 図
（[出典] 小玉俊明, 藤井哲雄：防食技術, vol.26, p.647, 1977.）

次亜塩素酸は分子状で電気的に中性のため，微生物の細胞にも浸透しやすく，pHが高くなると，ClO^- になるため殺菌力も弱まる．水道水の水質基準では，残留塩素 R-Cl < 1.0 mg/L 以下として目標値が定められている．給水栓出口では 0.1 mg/L 以上含まれていることが必要で，微量でも検出されれば微生物による汚染がないことを意味する．浄水場の配水池出口の水道水中には 0.7 mg/L 程度（東京都水）含まれているが，配管網の末端では消費されて濃度は減少する．ビル給水や井水では殺菌剤を加えて不足分を補う必要があるため，次亜塩素酸ナトリウム NaHClO が添加される場合がある．浄水場では汚染の指標であるアンモニアを無害化するため，次亜塩素酸ナトリウムが添加される．また，工業用水や下水処理水では，塩素とアンモニアや有機物質が結合し，モノクロラミン NH_2Cl，ジクロラミン $NHCl_2$ などの有機塩素化合物が生成される．モノクロラミンは次亜塩素酸に比べて酸化力は弱いが，殺菌力をもっている．これらの有機塩素化合物の殺菌力は弱いが比較的安定で持続性があるため，アメリカの浄水場ではこれを利用してクロラミン処理を行っているところがある．次亜塩素酸を遊離塩素といい，クロラミンなどの結合塩素と併せて残留塩素という（2.12 節参照）．

　塩素は，金属材料に対して強い酸化剤としてはたらき，腐食を促進する．水道水では酸化剤としての溶存酸素 *DO* は飽和濃度に達しており，約 8 mg/L（25℃）含まれている．炭素鋼に対して酸化剤としての酸素はカソード反応によって還元され，当量の鉄がアノード反応によって溶解（腐食）する．

　　アノード反応：$Fe \longrightarrow Fe^{2+} + 2e^-$

　　カソード反応：$\frac{1}{2} O_2 + H_2O + 2e^- \longrightarrow 2OH^-$

　　カソード反応：$HClO + H^+ + 2e^- \longrightarrow Cl^- + H_2O$

次亜塩素酸は溶存酸素と同様に鉄を酸化し，自身は塩化物イオンに還元される．次亜塩素酸の酸化力は強いが，水道水では溶存酸素濃度に対して量的には 5〜10％程度含まれているにすぎないため，腐食量に対する次亜塩素酸の寄与も大きくはない．しかし，実際の腐食試験では図 6.86 に示すように，Cl^-/HCO_3^- 比の増加とともに炭素鋼の腐食速度は増大する（アメリカのミシガン州硬水地帯）．このように，遊離塩素による腐食促進効果は認められるが，鋼の腐食速度はクロラミンには依存していない．

　ステンレス鋼は不動態皮膜によって保護されているが，塩化物イオンが存在

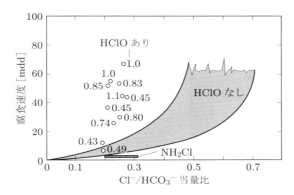

図 6.86 水道水中の鋼の腐食に及ぼす HClO の影響
([出典] T. E. Larson & R. V. Skold : *Corrosion*, vol. 14, p. 285t, 1958.)

すると次亜塩素酸との共存下で不動態皮膜が化学的に破壊され，孔食やすき間腐食などの局部腐食が生じる．これは，次亜塩素酸の酸化力によってステンレス鋼の電位が上がり，孔食電位 $V_{c_{pit}}$ やすき間腐食電位 V_{crev} を超えるためである．

[対策]
- 衛生上，残留塩素は必要であるため，ステンレス鋼の電位は孔食電位やすき間腐食電位以下になるよう残留塩素濃度を維持する．
- 残留塩素の影響を受けやすいステンレス鋼製受水槽天井部の材料選定にあたっては，クロム含有量のより多い SUS329J4L を選定する．
- 大気下で放置しておいても塩素は逸散して減少するが，塩素の影響を取り除きたい場合は，活性炭に吸着させたり，還元剤であるアスコルビン酸ナトリウム（ビタミン C）を水道水中に添加したりすることによって除去できる．

事例61　迷走電流による腐食（電食）

材料：炭素鋼

迷走電流（3.4節(2)参照）としては，直流電気鉄道からの漏れ電流だけでなく，直流を扱う溶接装置や電解装置からの漏れ電流や，カソード防食の干渉作用による漏れ電流のほか，特殊な事例では地磁気変動によって誘導電流（地電流）が誘起されることもある．また，高圧送電線の直下で埋設配管に交流が誘起されることがあり，絶縁性の優れたポリエチレンライニングの微少な欠陥から誘起電流が流出入することによって局部腐食が生じることが知られている．

迷走電流が埋設鋼管に流入すると，流入部は防食され，流出部で腐食を生じる．図6.87に，直流電気鉄道からの迷走電流による埋設配管の腐食機構を示す．直流電気鉄道では，直流が変電所からプラス極となる帰電線（架線）を通って電車に供給され，モーターを回し，帰流はマイナス極となるレールを通って変電所に戻る．そのとき，レールから帰流すべき電流の一部が大地側に漏れ，変電所の近くで再びレールに戻ることがある．このような漏洩電流（迷走電流）が付近の埋設鋼管に流入すると，流入部は防食され，流出部で著しい腐食が生じる．レールからの電流の漏洩は踏切やトンネルなど湿潤状態であるところで生じやすい．そのときの腐食速度は流出する電流に比例し，腐食量は通過電気量からファラデーの法則により質量に換算することができる．漏洩電流 i [A] が t 秒間流れた場合の腐食量 W [g] は $W = kit$ となる．ここで，k は電気化学当量を表す．k は化学当量 z，ファラデー定数 F と $k = z/F$ の関係がある．鉄については，$k = 55.85/2 \div 96500$ [C] $= 2.89 \times 10^{-4}$ [g(A·s)] となるので，鉄の1年間の腐食量は9.1 kgとなる．事例の調査結果から，迷走電流による腐

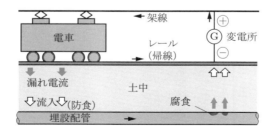

図6.87　直流電気鉄道からの迷走電流による埋設配管の腐食機構

食は，1.25 mm/y や 6 mm/y などの高い腐食速度を示すことが知られている．なお，電気鉄道は交流化が進み，迷走電流腐食の事例は少なくなった．

　迷走電流腐食と，自然腐食やマクロセル腐食との違いはなんだろうか．迷走電流は大きな電流が特定の狭い部位に流れるので，腐食電流密度は高くなる．腐食損傷形態もその特徴を示し，高酸化性の腐食生成物を生じるとされる．たとえば，鉛管では過酸化鉛 PbO_2 を生成しやすい．電気鉄道では電車が通過した場合にのみ電流が流れるので，その地点における軌道，平行と垂直方向の電位勾配を経時的に調査することにより，迷走電流の方向がわかる．ただし，近くに電車が通っているからといって建物内の配管に電食が生じるとは限らない．

　迷走電流腐食は電解腐食ともいうように，直流による電気分解と同様の作用と考えることができる．特定の場所にアノード電流が流れ続けると腐食量はそれとともに大きくなる．ただし，迷走電流腐食は，路面電車や地下埋設構造物が多い大規模市街地に限られる．しかも直流電気鉄道は現在では交流電化が進み，また電鉄会社と埋設管管理者との協議により必要な対策がとられているので，最近では大きな問題は起こっていない．迷走電流は電車通過時に生じるので，あらかじめ地表面の電位変動の経時的な変化を求めて判断しなければならない．

　交流電気鉄道からの漏れ電流が地中埋設配管に流出入した場合の腐食量を実験的に求めたところ，直流による理論腐食量の 1 % 以下とされ，交流腐食の影響は小さいと考えられていた．しかし，近年，ポリエチレンライニングの性能が向上し，絶縁抵抗が高くなり，高圧送電線に平行した埋設パイプラインにおいて，誘起される誘導電圧が高くなった結果，微少な欠陥から電流が流出入することによって交流腐食が起こることが懸念されている．このような場合，一定距離ごとに Mg 極を設置して誘導電圧の発生を抑制している[1]．

[対策]
- 埋設配管の迷走電流腐食が明らかになった場合は，変電所の近くで埋設配管とレールの間に直接ボンディングを行って迷走電流が土中に流れないようにする．ただし，逆流を防ぐことはできない．実用的にはシリコンダイオードを挟んで逆流を防ぐ選択排流法やカソード防食を適用する強制排流法が有効である．

参考文献
1) 電食防止研究委員会編：電食防止・電気防食用語辞典, p.83, オーム社, 2014.

事例62　ジャンピング電流による腐食

材料：炭素鋼

　コンクリート躯体の鉄筋と埋設配管（炭素鋼管や鋳鉄管）との接触によって生じるマクロセル腐食，異種金属接触腐食，迷走電流による腐食を防止するため，両者の間に絶縁材を差し挟む対策や樹脂管（非金属管）を挿入する対策がとられることがある．しかし，管内に水道水や温水が流れている場合には，管接続の絶縁部で炭素鋼管端部から防食電流が流体（水）に流れ出し，下流部で再び流体から配管に電流が流入することがある．このような現象を**ジャンピング電流**（jumping current）という．このとき，電流が鋼管端部から水中に流出する部位で腐食が生じる．この腐食は基本的に迷走電流腐食（事例62参照）や電解腐食と同じである．図6.88は鋳鉄製埋設配管にステンレス鋼管が絶縁継手を介して接続されている状況を示す．埋設配管内部は水道水が流れ，外面に対して外部電源方式によるカソード防食が適用されている．防食電流は鋳鉄管内面からステンレス管に向かって流れようとするが絶縁継手により遮られ，鋳鉄管から水中に流出し，ステンレス管側で電流は水中からステンレス管内面

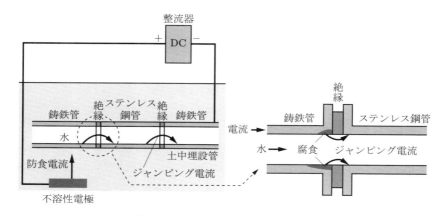

図6.88　埋設配管におけるジャンピング電流の発生のしくみ

に流れ込む．その結果，FCD管端部はアノードとなって腐食する．このときの電流がジャンピング電流である．同様にして，防食電流はステンレス管端部から鋳鉄管に流れ込もうとするが，ステンレス管内面のアノード分極により，不動態保持電流程度に電流は抑えられ，防食電流は管外面を通って直流電源に戻る．

　建物躯体の鉄筋と水道用埋設配管が地上で接触することにより発生するマクロセル腐食を防止するため，配管途中に樹脂管や樹脂被覆鋼管などを挿入して絶縁措置を施すと，ジャンピング電流は絶縁管長さに相当するIR降下により低下する．しかし，水道水の場合でも許容腐食量を考慮すると，長さ50 cm以上の長さか，管径の6倍以上の離隔距離を必要とする．流体の電気伝導率が高い場合は，さらに離隔距離を長くしなければならない．一方，ステンレス鋼管やチタン管などの不動態金属管を絶縁短管として使えば，アノード分極に対しては分極抵抗が大きいので，塩化物イオンによる孔食を生じなければ，高い電位域すなわち過不動態領域で酸素発生や塩素発生による電流が発生するにすぎない．

　地域冷暖房システムにおける対策例では，ジャンピング電流による腐食を抑制する対策が提案されている[1]．それによると，プラント側の高温高圧水配管（STPG製配管）は建物鉄筋壁を貫通したのち，絶縁継手を経て土中部埋設配管により顧客に供給されるしくみになっている．土中部埋設配管外面は，外部電源方式によるカソード防食が適用されている．この場合，絶縁継手部は架空配管となっているため，防食電流は絶縁継手部でジャンピング電流となって，金属管から高温水に流出する部分で著しい腐食を生じる．そのため，絶縁継手部に耐食性金属短管SUS316Lやチタン製短管を挿入することによってジャンピング電流を防止している．

[対策]
・絶縁継手部にステンレス鋼短管やチタン製短管を挿入し，アノード分極を高めることによってジャンピング電流を抑制することができる．

参考文献
1) 西川明伸, 野中英正：*J. Soc. Mat. Sci., Japan*, vol. 51, p. 1210, 2002.

事例 63　スパッタリング・成膜装置の水冷却系における電食

材料：銅管，ステンレス鋼管

　スパッタリング装置や成膜装置は，真空中でターゲットと基板の間に数百ボルトの直流電圧を印加して行われる．その際，電極を冷却する必要があり，それにより，カソード水冷却系のステンレス鋼（SUS316）製マニホールドのホース口側の部材が比較的短期間に著しい腐食により漏水を生じる事例がある．図6.89にスパッタリング装置のカソードを冷却す

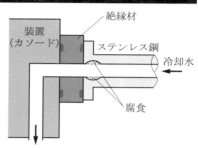

図6.89　スパッタリング装置のカソードを冷却するしくみ

るしくみを示す．冷却水はステンレス鋼製マニホールドから絶縁部材を経て装置のカソードに流入する．図6.90にスパッタリング装置冷却水系のステンレス鋼部材に生じた腐食状況を示す．

図6.90　電食によるステンレス鋼部材の腐食

　図6.91は，回路絶縁部におけるステンレス鋼製マニホールドから装置カソードに流れる漏洩電流の関係を示す模式図である．腐食を生じたステンレス鋼部材は非金属製ホースに接続するアノード側であり，何らかの漏洩電流（直流）の流出によって迷走電流腐食（電食．3.4節(2)参照）が起こったと考えられる．これは，スパッタリング装置のアノード側ステンレス鋼部材から，非金属製ホース側の水に電流が流れ出るところで腐食が生じることと一致する．

　スパッタリング装置や成膜装置は，機能上，両極間に直流高電圧が印加され

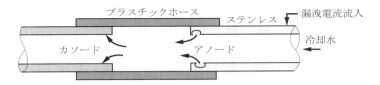

図 6.91　冷却水配管と漏洩電流

る．電極を冷却する冷却水配管は両極が短絡することがないように，ゴム管や樹脂管などの非金属製品による絶縁が必要である．図 6.89 に示したように，スパッタリング装置のカソードとステンレス鋼製冷却水配管は絶縁材を通して接続されるので，ステンレス鋼製配管に流入した漏洩電流はステンレス鋼製部材端部から冷却水に向かって流れ出る．その結果，電流が水に流れ出る部分がアノードとなって，図 6.90 に示したような腐食が生じる．

　直流電気鉄道による電食を防止するために，埋設配管とレールを直接ボンディング（結合）することにより，金属と土壌の間に異相界面を生じないようにする方法がとられる．これを強制排流法という．アノード側とカソード部の間を結線して排流することは，この場合，機構的に適用できないので，絶縁を行って回路に電流が流れないようにする．ただし，この方法は管内に水が流れているので，水を介して電流のジャンピングが起こり，完全な絶縁は困難である．

[対策]
- 迷走電流の発生を絶つことが根本的解決になるが，機構的に困難であるため，取り替え可能な部材を使い定期的に取り替えるようにする．
- 漏洩電流が流れる回路の抵抗を大きくするため，非金属製ホースを長くする．
- 過不動態域で溶解するステンレス鋼ではなく，アノード分極抵抗が大きく不動態電流が小さくなるチタン管を用いる．

事例 64　イオンマイグレーションとクリープ現象

材料：イオンマイグレーション

　イオンマイグレーション（ion migration）は，電子材料・プリント配線板で

短絡や絶縁不良を起こす代表的な腐食障害の一つであり,エレクトロケミカルマイグレーション (electrochemical migration) ともいう.かつては単にマイグレーションとよばれていたが,最近ではイオンマイグレーションという用語が多く用いられるようになっている.図 6.92 は,配線板上の Ag 極間におけるイオンマイグレーションの模式図である.

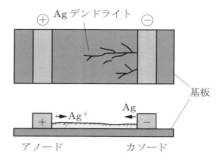

図 6.92　イオンマイグレーションの概念図

リードフレーム,コネクターやプリント基板の絶縁物上の対向した二極間にバイアス電圧が印加されていて,極間が湿潤状態あるいは水膜を生じると,アノードから電気化学的に金属イオンが溶出し,極間を泳動してカソードに至って金属結晶として析出する.カソードでは Ag の金属結晶が樹枝状に成長しやすく,ついにはアノードに接触して絶縁不良や短絡を引き起こす.イオンマイグレーションはアノードにおける溶解,バイアス電圧によるイオンの移動,カソードにおける還元反応による金属結晶の析出という三つの過程に分けられる.一方,基材内の強化繊維に沿ってアノードから進展するフィラメント状のマイグレーションは CAF (conductive anode filament) という[1].CAF はアノードから溶出した金属イオンが水和反応により水酸化スズ(Ⅱ) $Sn(OH)_2$,水酸化鉛(Ⅱ) $Pb(OH)_2$ を生成し,これらが脱水反応により酸化スズ(Ⅱ) SnO や一酸化鉛 PbO など不溶性の酸化物としてアノード先端に析出し,カソードに向かって成長していく.

　クリープとは,金めっき端面やめっき欠陥部から下地金属の腐食生成物が這い上がって広がる現象である.下地金属が銅や銅合金の場合は亜硫酸ガスや硫化物が存在すると,硫化銅の腐食生成物が這い上がるクリープがみられる.一方,ウイスカーは針状の単結晶で,スズ Sn,亜鉛 Zn,カドミウム Cd などの低融点金属で発生しやすい.ウイスカーは完全結晶として古くから知られており,回路を短絡させる.スズめっきにおいて生じやすく,鉛の添加はウイスカーの成長を抑制することで知られているが,環境問題から鉛フリーが要請されているため,銀 Ag,銅 Cu,ビスマス Bi などを添加した合金が提案されている.表 6.18 にマイグレーションの発生事例を示す.

表6.18 マイグレーションの発生事例
（[出典] 電気学会・イオンマイグレーションの発生特性と防止方法調査専門委員会編：プリント基板の試験と評価, p.18, オーム社, 2008.）

	症　状	説　明
例1	電気ストーブのスイッチの絶縁不良	スイッチの絶縁グリス中でマイグレーションが発生
例2	電子式タイムレコーダーを室内に設置して1ヵ月稼働後に発生した異常	プルアップチップ抵抗でマイグレーションが発生
例3	外出先から職場に戻ったところノートパソコンで発生した動作不良	内外温度差によりパソコン内部で結露しマイグレーションが発生
例4	ICパッケージ間で発生した絶縁不良に伴い起こった記憶装置の動作停止	封止樹脂中のリンが溶け出し，その間隙で銀マイグレーションが発生
例5	屋外で使用する機器で発生した動作不良	エンコーダの銀めっき電極でマイグレーションが発生
例6	電子機器のガラス封止部での端子間の絶縁不良	封止ガラスの隙間に水が入り込み，マイグレーションが発生
例7	銀スルー端子間での絶縁不良	銅ランドからはみ出した銀が移動

　電子機器における高密度実装化，高機能化とともに電極間隔は狭くなり，多層基板の層間の絶縁厚さも薄くなる傾向があり，イオンマイグレーションによる障害は増えている．イオンマイグレーションは電気化学現象であり，極間に電解質（水分）がなければ実質的に絶縁状態であるが，湿度が高くなって濡れ，さらに水膜で繋がれば極間に印加された電圧により，両極で電解反応が起こる．その結果，アノード側は金属のイオン化が起こり，カソードに向かって金属イオンが移動（泳動）する．イオンマイグレーションは銀がもっとも起こりやすく，Ag > Cu > Ni > Pb > Sn の順で起こりにくくなる．銀電極の場合，アノードでは Ag^+ が溶出し（$Ag \longrightarrow Ag^+ + e^-$），$Ag^+$ はカソードに向かって泳動し，カソードに達して金属Agが析出する（$Ag^+ + e^- \longrightarrow Ag$）．Agは樹枝状に成長しやすく，アノード極に達すると回路が短絡する．

　イオンマイグレーションは電極金属や絶縁材料によって発生しやすさが異なり，実際にどのような条件のときに起こりやすいかはイオンマイグレーション試験で判断される．図6.93は簡易イオンマイグレーション試験法の概念図で，結露を想定した脱イオン滴下法である．基板上の電極間に脱イオン水を滴下し，イオンマイグレーションが発生するまでの時間を測定する．この試験法は，電極材料やはんだ材，フラックスの評価に使われる．同様の装置で，極間に蒸留

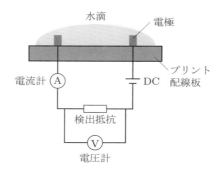

図 6.93　簡易イオンマイグレーション試験法の概念図

水を満たして直流電圧を印加したときの電流の大きさでイオンマイグレーションの程度を評価する方法がある．より実用的な試験として，温湿度条件を規定した温湿度定常規格が JIS[1] や IPC[2] などに定められている．

[対策]

- 大気からの水蒸気の影響を遮断する必要があるため，ソルダーレジスト（SR）のようなコーティング材で覆うか，ドライフィルム（感光剤）をコーティングする．
- 紙基材は配線板の材料として安価であるが，吸水性や吸湿性があるので，乾燥工程に注意が必要である．一方，ガラス布は吸湿性が少ない．ポリイミド樹脂は耐熱性に優れ，セラミックスは化学的耐久性，機械的強度が優れている．用途，経済性を考慮して使い分ける．
- 電極間に硫化アンチモンバリアを設けて，強制的に反応させて金属イオンの移動を阻止する．または，樹脂にイオン吸着無機物質を含有させて移動する金属イオンを捕捉する．

参考文献
1) JIS Z 3197（1999）：はんだ付け用フラックス試験法．
2) IPC-TM-650, Method. 2.6.14.C（2000）：Resistance to Electrochemical Migration, Solder Mask.

さくいん

英数

AHU　174
APC　32, 145
BWR　162
CIP　137
CRUD　165
CSE　19
CUI　146, 148
CUI 対策ガイドライン　150
DO　11
ESCC　149
FAC　136
FCU　174
HIC　33, 210
IASCC　164
IGA/SCC　111
IGSCC　32
LSI　38
LTD　120
MD ジョイント　138
MIC　27, 154
pH　11
PWR　162
SCC　32, 145
SCE　19
SCWO　166
SG　110
SHE　19
SI　38
$S-N$ 線図　35
SRB　26
SSC　19, 33, 210
TGSCC　149

あ行

青水　69, 179
赤錆　65
赤水　69
亜硝酸塩　58
蟻の巣状腐食　176
亜臨界条件　167
アルカリ脆性　28, 110
アルカリ腐食　27, 109, 122, 201
アルミニウム　48
アルミニウム黄銅　48
あんこ変色　189
アンモニアアタック　214
アンモニア試験法　194
イオンマイグレーション　225
異種金属接触腐食　22
異常形態腐食　177
Ⅰ型孔食　170
一過式給湯銅管　186
陰極剝離　105
インヒビター　58, 107
インレットアタック　34
エアハンドリングユニット　174
鋭敏化　140
エバンスダイアグラム　17
エルボ継手　76
エレクトロケミカルマイグレーション　226
エレクトロコーティング　57, 105
エロージョン・コロージョン　34, 184
鉛管　197

塩酸露点腐食　112
応力腐食割れ　32, 145
オキシ水酸化鉄　41
屋内消火栓　71
遅れ破壊　32, 100

か行

加圧水型　162
潰食　34, 184
海水ポンプ　126
外部電源法　54
開放循環式冷却方式　117
外面応力腐食割れ　149
海洋環境　128
架橋ポリエチレン管　99
加工フロー腐食　147
カソード防食　54
カソード防食基準　104
カソード防食法　98
活性経路腐食　145
活性 - 不動態電池作用　29
活性溶解腐食　31
加熱脱気　60
過防食　105
カルシウム防錆工法　98
ガルバニック腐食　22
還元反応　8
管更正工法　99
還水　108
還水回収率　79
管端防食継手　76
干満帯　129
犠牲陽極法　54
揮発性物質処理　110
キャビテーション・エロージョン　34

球状黒鉛鋳鉄　43
局部電池　10, 18
クラッド　165
結合塩素　13
嫌気性環境　26
減肉腐食　136
コア内蔵型管端防食継手　76
鋼管杭　128
高強度鋼　42
硬質塩化ビニルライニング鋼管　98
孔食　28
硬度漏れ　121
鋼矢板　128
高力ボルト　100
黒鉛化腐食　36, 127
コーティング継手　76
混成電位　55

さ行

錆こぶ腐食　65
サワー環境　33, 210
酸化反応　8
酸性雨　85
酸素濃淡電池　25
残留塩素　13
時期割れ　33, 192
自然電位　10
シッコール反応　136
湿式スプリンクラー配管　75
ジャンピング電流　222
集中腐食　28, 129
重防食塗装　53
樹脂コーティング継手　76
樹脂被覆鋼管　98
シュラウド　164
ジュラルミン　49
純アルミニウム　200
常温硬化型フッ素樹脂塗料　103
消火配管　71

蒸気還水管　78, 108
蒸気配管　64
衝撃腐食　34
照合電極　18
照射誘起応力腐食割れ　164
白水現象　67
真空脱気　60
人工緑青　85
侵食度　5
水質因子の腐食性　206
水素イオン濃度　11
水素吸蔵　101
水素脆性　101
水素発生型腐食　18, 79
水素誘起割れ　33, 210
スイート環境　33, 209
スイミングプール　159
スカベンジャー　108
すき間腐食　30
スケール生成　118
ステンレス鋼　44
ステンレス波状管　159
ストライエーション　187
ストレスクラッキング　204
スパッタリング装置　224
スプリンクラーシステム　80
スライム　118
スラッジ生成　67
青銅　48
青銅製仕切弁　190
成膜装置　225
セメンタイト　41
層間剝離腐食　200
送電鉄塔　89
ソルベントクラッキング　204

た行

大気曝露試験　84
大気曝露試験結果　115

大気腐食　84
耐久限　35
耐孔食指数　143
耐候性鋼　42
耐脱亜鉛腐食黄銅　48
多管式小型貫流ボイラ　121
ダクタイル鋳鉄　43
脱亜鉛腐食　47, 190
脱酸素剤　60, 108
建物内消火配管　64
ダニエル電池　9
炭酸イオンの分解率　79
炭酸腐食　13, 77
炭素鋼　41
炭素質皮膜　171
断熱材下腐食　148
中性化　26
鋳鉄製可撓継手　138
中和性アミン　108
チュービング　209
超臨界水酸化　166
チョーキング　102
通気差電池腐食　25
吊りボルト　160
低温腐食　112
デポジットアタック　34
電位-pH図　20
電解腐食　23
電気化学反応　15
電気抵抗法　38
電気二重層　6
電気防食　54
電極　5
電食　23
土壌抵抗率　93
トンネル腐食　147

な行

内面樹脂被覆鋼管　76
流れ加速腐食　34, 136
鉛の水質基準　198
II型孔食　29, 172

二酸化炭素　　12
二相黄銅　　47
ねずみ鋳鉄　　43
ネルンストの式　　8

は行

バイオサイド　　157
バイオファウリング　　133
配管系絶縁処理判定表　　123
排水用鋳鉄管　　137
パイプライン　　92
白亜化　　102
バックフィル　　56
微生物汚損　　133
微生物腐食　　27, 154
微生物誘起腐食　　154
皮膜性アミン　　108
飛沫帯　　128
標準水素電極　　7
標準電位　　8
疲労寿命曲線　　35
疲労破壊　　35
疲労割れ　　186
ファンコイルユニット　　174
フェライト　　41
不活性ガスによる置換　　60
腐食速度　　5
腐食疲れ　　35
腐食電位　　9
腐食電流密度　　5
腐食疲労　　35
沸騰水型　　162

不動態化　　21
不動態皮膜　　20
フランジ絶縁構造　　124
ブリスター　　100
プールベイダイアグラム　　20
ブロンズ　　48
ブロンズ病　　195
文化財の保存処理　　196
分極曲線　　37
分極抵抗法　　38
平衡電位　　8
変色　　188
変色膜　　189
ベンゾトリアゾール　　59, 108
ヘンリーの法則　　11
ボイラ還水管　　64
砲金　　48
防錆剤　　58, 107
飽和指数　　38
保温材下腐食　　146, 148
ポリブデン管　　99
ポリリン酸塩　　58
ボンディング　　225

ま行

マイグレーション　　226
マウンドレス孔食　　172
マグネタイト　　41
マクロセル腐食　　23
マットソン比　　172, 207
マンガン乾電池　　10
ミクロセル　　18

水配管用亜鉛めっき鋼管　　43, 64
溝状腐食　　36
溝食　　36
密閉式冷温水配管　　75
迷走電流　　220
迷走電流腐食　　23
膜式脱気　　60
モリブデン酸塩　　58

や行

遊離アルカリ　　110
遊離塩素　　13
遊離炭酸　　12
油井管　　209
溶存酸素　　11
溶体化処理　　31
溶融亜鉛めっき　　42

ら行

ラーソン比　　206
ランゲリア飽和指数　　38
粒界応力腐食割れ　　32, 146
粒界腐食　　31
粒界腐食型応力腐食割れ　　111
硫化物応力割れ　　33, 210
硫酸塩還元菌　　26
硫酸露点腐食　　111
流電陽極法　　54
粒内応力腐食割れ　　149
緑青　　85
レジオネラ属菌　　120

著者略歴

藤井　哲雄（ふじい・てつお）
- 1937 年　岐阜県生まれ
- 1960 年　名古屋工業大学卒業
- 1965 年　京都大学大学院工学研究科修士課程修了
- 1965 年　科学技術庁金属材料技術研究所
- 1991 年　三浦工業株式会社
- 1994 年　有限会社コロージョン・テック代表取締役
- 1995 年　横浜国立大学客員教授
- 2009 年　新潟大学大学院非常勤講師

　　　　　工学博士，NACE CP Specialist．SHASE 技術フェロー

編集担当	加藤義之（森北出版）
編集責任	石田昇司（森北出版）
組　　版	創栄図書印刷
印　　刷	同
製　　本	同

64 の事例からわかる金属腐食の対策　　　　　Ⓒ 藤井哲雄　2016
2016 年 7 月 21 日　第 1 版第 1 刷発行　　　【本書の無断転載を禁ず】

著　者	藤井哲雄
発行者	森北博巳
発行所	森北出版株式会社

東京都千代田区富士見 1-4-11（〒102-0071）
電話 03-3265-8341／FAX 03-3264-8709
http://www.morikita.co.jp/
日本書籍出版協会・自然科学書協会　会員
JCOPY ＜（社）出版者著作権管理機構　委託出版物＞
落丁・乱丁本はお取替えいたします．

Printed in Japan／ISBN978-4-627-67471-4